建筑工程审计决算
与项目工程管理

杨　光　张彦春　岳圆圆　著

哈尔滨出版社
HARBIN PUBLISHING HOUSE

图书在版编目（CIP）数据

建筑工程审计决算与项目工程管理 / 杨光，张彦春，
岳圆圆著 . -- 哈尔滨：哈尔滨出版社，2024.3
ISBN 978-7-5484-7817-1

Ⅰ.①建… Ⅱ.①杨…②张…③岳… Ⅲ.①建筑工
程—审计②建筑工程—工程项目管理 Ⅳ.① F239.63
② TU712.1

中国国家版本馆 CIP 数据核字 (2024) 第 071863 号

书　　　名：**建筑工程审计决算与项目工程管理**
JIANZHU GONGCHENG SHENJI JUESUAN YU XIANGMU GONGCHENG GUANLI

作　　者：杨　光　张彦春　岳圆圆　著
责任编辑：赵海燕
封面设计：周书意

出版发行：哈尔滨出版社（Harbin Publishing House）
社　　址：哈尔滨市香坊区泰山路82-9号　　邮编：150090
经　　销：全国新华书店
印　　刷：廊坊市海涛印刷有限公司
网　　址：www.hrbcbs.com
E-mail：hrbcbs@yeah.net
编辑版权热线：(0451)87900271　87900272

开　　本：787mm × 1092mm　1/16　　印张：11.5　　字数：195千字
版　　次：2024 年 3 月第 1 版
印　　次：2024 年 3 月第 1 次印刷
书　　号：ISBN 978-7-5484-7817-1
定　　价：68.00 元

凡购本社图书发现印装错误，请与本社印制部联系调换。
服务热线：（0451）87900279

前　言

建筑工程审计决算与工程项目管理是建筑行业的核心环节，关系到工程质量、成本控制及最终的投资回报。建筑工程审计决算不仅是工程项目管理过程中的重要组成部分，也是确保工程资金使用合理、有效的关键环节。在当今社会，随着建筑技术的不断进步和建筑市场的日益开放，建筑工程的规模不断扩大，其复杂性和专业性也在不断增加。因此，对建筑工程的审计决算和工程项目管理提出了更高的要求。有效的建筑工程审计决算不仅可以帮助投资方控制成本，还可以提高工程质量，避免资源浪费。同时，专业的项目工程管理能够确保工程按期完成，保障投资者、建筑商和用户的利益。因此，深入研究并不断提升建筑工程审计决算与项目工程管理的水平，对于推动整个建筑行业的健康、可持续发展具有重要意义。

近年来，建筑项目管理的研究逐渐成为建筑学的一个重要研究领域，推动着建筑学从传统的设计和施工技术的范畴走向更广阔的项目协调和综合管理的实践应用领域。但是，在实际操作中，建筑工程审计决算与项目工程管理仍面临着诸多挑战和问题。一方面，在审计决算过程中，由于缺乏标准化、系统化的操作流程，常常出现审计标准不一、审计质量参差不齐的现象。另一方面，工程项目管理中存在的问题也不容忽视，例如项目管理人员专业素养不足、管理方法落后、沟通协调机制不健全等，这些问题直接影响了工程项目的效率和质量。此外，随着新技术的应用和新材料的使用，建筑工程审计决算与工程项目管理也面临着更新换代的挑战，需要紧跟时代的步伐，不断吸收新知识、新技术，提高审计和管理的专业性和精准度。本书正是在这样的背景下诞生的，旨在系统地分析建筑工程审计决算与工程项目管理的现状和问题，提出切实可行的解决方案和建议。我们希望通过本书的研究，为相关领域的实践者和学者提供理论参考和实践指导，共同推动建筑工程审计决算与工程项目管理的发展。由于时间和水平的限制，书中可能存在一些疏漏之处。建筑项目是十分复杂的领域，涉及诸多因素和细节。因此，我们欢迎广大读者对本书提出批评和指正，以帮助我们改进和完善内容。

目 录

第一章 工程项目审计概述 ………………………………………… 1

  第一节 工程项目审计的基本概念 ………………………… 1

  第二节 工程项目审计的职能和作用及组织 ……………… 8

  第三节 工程项目审计方法 ………………………………… 14

  第四节 工程项目审计程序 ………………………………… 19

第二章 工程项目准备阶段审计 …………………………………… 28

  第一节 工程项目审批程序设计 …………………………… 28

  第二节 工程项目可行性研究报告设计 …………………… 35

  第三节 工程项目设计概算审计 …………………………… 39

  第四节 工程项目招投标审计 ……………………………… 48

第三章 工程项目实施阶段审计 …………………………………… 58

  第一节 工程项目合同管理审计 …………………………… 58

  第二节 工程项目管理审计 ………………………………… 70

  第三节 工程项目环境审计 ………………………………… 86

第四章 建设工程项目管理概论 …………………………………… 92

  第一节 项目与项目管理 …………………………………… 92

  第二节 工程项目组织 ……………………………………… 100

  第三节 工程项目规划 ……………………………………… 105

第五章 工程项目进度管理 ………………………………………… 111

  第一节 工程项目进度目标与进度计划 …………………… 111

  第二节 工程项目进度计划实施中的监测与调整 ………… 118

第三节　工程项目进度控制 …………………………………… 128

第六章　工程项目综合管理 ……………………………………… 134

第一节　工程项目资源管理 ……………………………………… 134

第二节　工程项目沟通管理 ……………………………………… 147

第三节　工程项目信息管理 ……………………………………… 166

结束语 ………………………………………………………………… 175

参考文献 ……………………………………………………………… 177

第一章 工程项目审计概述

第一节 工程项目审计的基本概念

一、工程项目审计的定义

目前，我国的工程项目投资活动涵盖国民经济的诸多领域，包括物资生产部门和非物资生产部门，涵盖宏观和微观经济的多个层面。在这样的背景下，工程项目审计的重要性越发凸显。它不仅能从宏观层面审视国家、地区、各部门和企业的投资规模及效益，更能从微观角度审视单个工程项目的建设流程、可行性研究、预算制定、资金来源和运用、项目最终决算，以及投资效益等细节，进行详尽的检查、评估和鉴定。

为了保障投资者或工程项目所有者的利益，准确地向他们反馈或揭示项目的建设成本及经济目标的预期成果，工程项目审计活动显得尤为必要。这种审计既是对工程项目投资活动的监督和鉴证，也是对其进行评价的重要手段。具体来说，它是指审计人员根据国家的相关法律法规和规定，以投资活动为核心，将工程项目作为审计的主要对象。通过运用经济学、技术学等多种方法，对基础建设项目和投资活动进行全面的审计监督、评估和鉴定，并提出改进建设项目管理和强化建设措施的建议。目前，我国的工程项目审计主要集中于对工程项目投资活动的合法性、合规性及有效性的监督、评估和鉴证，通过搜集相关的审计证据和资料来实现既定的审计目标，并提出改进宏观管理、提高投资效益的意见和建议，以此达到加强财经纪律、提升工程项目投资效益的目标。

工程项目审计，是指由独立机构及其指派的人员按既定审计准则开展的活动，这包括运用专门的审计评价指标体系，对工程项目整个投资过程的成果进行监控、评估和证实。具体而言，其内涵可分为三个方面：

① 工程项目审计应由具备资质的独立审计机构及其人员负责，如国家

审计机关、企业内部审计部门以及社会民间审计团体。反之，那些未获得审计资格和能力的非审计机构或人员不应参与工程项目的审计工作。

②工程项目审计的范围应涵盖项目的全部阶段，即从项目可行性研究、可行性报告的制定、项目融资，直至工程项目的竣工验收和项目后期评估的整个过程。

③工程项目审计，不仅是对工程项目的法人管理、经济效益等方面的评估，更是为投资方提供服务，对施工方进行监督、检查和评价。

总之，工程项目审计活动是一项重要的经济监督和评估活动，不仅有助于维护投资者的利益，还为建设单位和施工单位提供了客观的评估。在整个建设过程中，工程项目审计扮演着重要的角色，确保投资方、建设单位和施工单位的经济行为得到充分的监督和控制。

二、工程项目审计的分类

(一) 按审计的对象划分

根据审计对象的不同，工程项目审计可分为工程项目的宏观审计和微观审计。

①工程项目宏观审计，是指对国家、地区或部门的投资规模、结构和方向，以及相关的拨款和贷款进行的审计。

②工程项目微观审计，是指对具体工程项目中建设单位 (项目法人)、施工单位、监理单位等相关财务收支的真实性、合法性、公允性进行的审查，以及对项目投资的经济效益进行审查。

(二) 按审计时间划分

按审计时间划分，工程项目审计可分为事前审计、事中审计和事后审计。

①事前审计，是指对工程项目开工前的活动进行审计，如可行性研究报告、设计任务书、投资总概算等。

②事中审计，是指从工程项目开工到完工交付使用的过程中，包括对部分已完或未完工程的审计。

③ 事后审计，是指发生在工程项目竣工验收后，包括结算审计、投资效益审计等。

（三）按建设资金源划分

根据建设资金来源，审计可分为国家预算资金审计、自筹建设资金审计、利用外资建设项目的审计。

① 国家预算资金审计，是指对国家预算内资金投资的项目，关注基本建设计划、偿还能力、经济效益等方面进行的审计。

② 自筹建设资金审计，是指建设单位或项目法人使用自有资金进行建设的项目审计。

③ 利用外资建设项目的审计，是指对国外政府贷款、国际金融机构贷款、国外援助项目及外国民间直接投资项目进行的审计。

（四）按审计的范围大小划分

根据审计范围的大小，审计可分为全面审计、专项审计和重点审计。

① 全面审计，是指对工程项目的全方位审计，能使审计人员全面了解经济活动，获取准确的判断资料，但这需要更多的人力和较长时间。

② 专项审计，是指对工程项目有关的某些特定事项进行的专门审计，特点是目标明确、工作面宽、可以省时省力地获取审计成果信息，如对自筹资金投入的合法性审计。

③ 重点审计，是指对工程项目有关的某些重点问题进行的审计。

（五）按审计的目的划分

按审计目的划分，可分为财政财务审计、财经法纪审计、经济效益审计、管理审计和环境审计。

① 财政财务审计，主要审核与工程项目相关的财政、财务收支活动的合规性。

② 财经法纪审计，主要审查建设过程中是否存在违法乱纪事件，如重大贪污盗窃、挪用公款现象等。

③ 经济效益审计，主要审核检查工程项目建设过程中资源利用的经济

性、建设活动的效率性，包括工程项目开工前的经济效益可行性审计、施工中的经济效益性审计和竣工决算投产后的经济效益性审计。

④ 管理审计，主要提升工程项目的管理工作质量，包括宏观和微观层面的管理。

⑤ 环境审计，主要监督工程项目在环境保护方面的法规政策执行情况，重点审查工程施工过程的环境影响是否符合国家标准等。

（六）按投资活动主线划分

① 工程项目的概（预）算审计，是指检查工程项目的概（预）算编制是否遵循国家相关规定，内容的完整性，以及计算的准确性。这一审计包含对初步设计概算和施工图预算的审计。

② 工程项目概（预）算执行状况审计，是指从项目投资活动启动到项目竣工决算报告提交之前的阶段。审计机构对建设单位及其设计、施工、监理等相关单位的财务收支情况进行真实性、合法性和效益性的审计监督。目的是促使各相关单位加强管理，确保建设资金的合法使用，提升投资效果。

③ 工程项目竣工决算审计，是指在工程项目正式竣工验收之前，审计机构依法对工程项目竣工决算的真实性、合法性和效益性进行审计监督。涉及工程项目的设计、施工、监理等单位应依法接受审计。

（七）按工程项目的种类划分

按工程项目的种类划分，工程项目审计可分为基本建设项目审计和技术改造项目审计；按项目规模划分，分为大中型项目审计和小型项目审计；按项目性质划分，分为竞争性项目审计，基础性或政策性项目审计；根据项目进展情况划分，分为新开工项目审计、停缓建项目审计、复开工项目审计等。

（八）按审计主体划分

按审计主体，审计方式可以分为国家审计、社会审计和内部审计。

国家审计，作为一种由政府审计机构执行的审计活动，主要聚焦于公共资金的管理和使用，确保国家财政资金的合法、有效使用。这种审计对政府部门及其下属机构的经济责任进行监督，以保证公共资金的透明度和高效性。通过这种方式，不仅可以及时发现和纠正各种财政管理和资金使用中的问题，还能促进政府管理的规范化和标准化。

社会审计是指由社会审计机构或专业审计人员对特定对象进行的审计。这类审计通常是针对企业或非政府组织的，旨在评估和验证其财务报表的真实性和合法性。社会审计通过提供独立、客观的审计意见，帮助利益相关方了解被审计实体的财务状况，增强外部利益相关方对企业财务报告的信任。此外，社会审计还有助于促进市场公平竞争和经济秩序的稳定。

内部审计则更侧重于企业或组织内部的审计活动，其目的是对组织内部的运营和管理过程进行监督和评估。内部审计不仅审查财务报告的准确性，还包括对组织的内控系统、运营效率和合规性的评估。通过内部审计，企业或组织能够及时发现并解决内部管理和运营中存在的问题，优化管理流程，提高运营效率。此外，内部审计还发挥着风险管理和咨询服务的作用，为组织的决策提供支持。

三、工程项目审计的特点

工程项目审计作为一项专业审计，其特点与专业审计的对象、范围、内容、任务、目的、本质等有密切的关系。一般来说，工程项目审计具有以下特点：

(一) 独立性

独立性是工程项目审计的基本特点。作为一个独立的第三方，审计机构必须严格遵循的独立性标准和行为准则，保持对被审计项目的客观立场。审计机构在执行职责时，不仅要与工程项目的管理和执行部门保持一定的距离，避免参与项目的直接决策、资金管理、物资采购及其他关键操作，还要确保不介入设计、施工或监理等具体事务。

独立性的维护对于保证工程项目审计的有效性至关重要。它帮助审计机构保持一个中立的视角，从而能够更加客观地评估项目，包括但不限于财务收支的合法性、合规性和合理性。通过这种方式，审计可以揭示项目存在的潜在风险、浪费和不规范操作，为项目的改进提供依据。同时，独立审计还着眼于评估工程项目是否能够实现预期的目标，包括经济效益和社会效益等方面，以及如何优化项目的整体结构，以提高投资者和所有者的投资回报率。

在实践中，维护独立性并非易事。审计机构需要建立一套健全的内部控制和审计程序，确保审计工作的独立性不受外界因素的干扰。这包括审计团队的独立选派、培训和评估，确保其成员具备必要的专业知识和审计技能，同时对审计过程中可能出现的各种利益冲突保持高度警觉。审计机构还需要保持与相关监管机构和利益相关者的良好沟通，以确保审计结果的透明和可靠。

（二）综合性

工程项目审计的综合性体现在审计的范围和内容上。工程项目审计的综合性包括对微观经济领域的技术经济活动进行深入审查，对宏观层面的工程项目建设规划、方向和结构的全面核查。工程项目审计不仅仅是一个财务审计的过程，更是一个对项目管理、技术实施、政策符合性等多方面的评估和监控。审计机构需要具备广泛的知识和技能，以确保能够全面理解和评估工程项目的各个方面。此外，工程项目审计的综合性还包括对项目的各个阶段进行全面审计，如项目准备阶段、建设过程、竣工结算、决算及建成后的经济效益等。这种全周期的审计视角使审计机构能够全面把握项目的进展和成果，及时发现问题和潜在风险，为项目的持续改进提供有力的支持。综合性的工程项目审计还考虑到项目实施所带来的连锁效应及项目完成后的综合效果和整体影响。这不仅包括项目的直接经济效益，还包括对环境、社会等方面的长远影响。全方位的审计视角有助于促进项目可持续发展，同时也增加了审计的复杂性和挑战性。

（三）宏观性

工程项目审计应贯彻国家的宏观经济管理和产业结构指导原则，同时反映国家宏观投资政策的相关要求。这种宏观视角的审计方法确保了工程项目不仅在微观层面上运作高效，而且在宏观层面上与国家的经济政策和产业布局保持一致，反映出国家宏观投资政策的相关要求。

在进行工程项目审计时，从宏观角度出发意味着审计不仅仅是对项目财务和运作的审查，更是对项目在国家经济发展大局中定位和作用的考量。审计机构需要深入理解国家的宏观经济政策内容，如经济增长目标、产业升级策略、区域发展计划等，并将这些政策作为审计的重要参考。通过这样的方式，审计能够帮助项目更好地适应国家的宏观经济目标，促进经济结构的优化和产业的协调发展。

此外，工程项目审计的宏观性还包括对项目可能产生的社会经济影响的评估。这意味着审计需要考虑项目如何影响就业、环境、区域经济平衡等方面，以及这些影响如何与国家的长远发展计划相吻合。审计结果应能够反映出项目在社会稳定、环境保护和可持续发展等方面的贡献或潜在风险。

随着国家宏观政策的调整和更新，工程项目可能需要调整其策略和计划以保持其相关性和有效性。审计机构应具备前瞻性，能够预测政策变化对项目可能产生的影响，并提出相应的建议，帮助项目管理层及时做出调整，确保项目的长期成功和可持续性。

(四) 艰巨性

工程项目审计的艰巨性主要体现在其所涉及的单位数量之多、地理分布之广，以及各单位隶属关系和经济状况的多样性。这些因素共同作用，使得审计内容变得极其繁杂，对审计人员的专业能力和综合素质提出了极高的要求。在审计大型跨区域工程项目时，这些挑战尤为明显，审计的难度和复杂性大大增加。

首先，审计团队需要处理来自不同单位的大量信息。这些单位可能包括项目承包商、供应商、合作伙伴及政府部门等，每个单位都有其特定的运作模式和财务记录。审计团队必须精通不同单位的运作规则和财务标准，以确保审计过程的准确性和有效性。

其次，单位的地理位置分布广泛增加了审计的物理难度。审计团队可能需要到访多个地点，收集和验证信息。这不仅包括复杂的物流安排，还可能面临不同地区的法规和文化差异，这些因素都可能影响审计的进度和质量。

再者，不同单位的隶属关系和经济状况的多样性也为工程项目审计工作带来了额外的挑战。审计团队需要理解和分析每个单位的经济状态和业务关系，这对审计人员的财务分析能力和业务洞察力提出了更高的要求。特别是在审计大型跨区域工程项目时，由于项目的规模大和影响范围广，使得审计工作变得更加复杂。

最后，在这样的背景下，工程项目审计的艰巨性不仅体现在审计工作的广度和深度方面，还体现在需要综合考量的多种因素方面。审计团队必须具备全面的视角，能够在保证审计工作全面性的同时，也要确保审计结果的准确和可靠。这就要求审计人员不仅要有扎实的专业知识，还需要具备良好的沟通能力、协调能力和解决问题能力。

第二节　工程项目审计的职能和作用及组织

一、工程项目审计的职能和作用

(一) 工程项目审计的职能

审计本质上是一种内在固有的功能，不会受到人们主观意愿的影响。随着社会经济的发展，对审计职能的理解将不断加深，而审计的职能本身并非固定不变。在审计领域中，工程项目审计是一个重要组成部分，其职能紧密联系着审计的基本职能。

1. 经济监督职能

随着我国经济体制的不断深化和市场经济的蓬勃发展，我国已经建立了一套全面的国民经济监督体系，涵盖财政、税务、银行等多个领域。对于工程项目而言，审计监督成为管理体系中不可或缺的一环，尤其在国家审计机关中，其经济监督职能显得格外重要。

2. 经济公证职能

工程项目审计的经济公证职能体现在审计机构及审计人员对被审计单位的会计报表和其他资料的检查和验证上，以确保其财务状况和经营活动的真实性、合规性和有效性，并据此出具书面证明。这种职能满足了委托者或授权者对确凿信息的需求，获得社会公众的信任。工程项目审计的经济公证

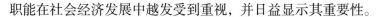

职能在社会经济发展中越发受到重视，并日益显示其重要性。

3. 经济评价职能

工程项目审计的经济评价职能指的是审计机构或人员对被审计单位或项目的经济活动进行审查，检查其财务收支计划和概（预）算执行情况，判断是否达到预期目标，并对项目的经济效益及相关管理活动的有效性进行分析和评价。这一职能在国家审计机关的工程项目竣工决算审计及社会民间组织的委托业务审计中尤为突出。

（二）工程项目审计的作用

工程项目审计与其他领域的专业审计相似，承担着关键的监督职责。该职责主要涉及对固定资产投资项目的技术与经济活动进行真实性、合规性及合理性的审查评估，以及根据相关审计标准实施相应的处理或制裁。

在当前的实践中，工程项目审计主要负责核查固定资产投资项目经济活动的真实性、准确性，及其合规性、合法性和经济效益。同时，审计还要通过对相关资料的深入分析，对宏观控制和管理中存在的问题提出建议，从而发挥其在维护财经纪律、减少浪费、强化基础建设宏观控制与管理、提升投资效益方面的作用。这一作用主要体现在以下几个方面：

① 监督国家关于固定资产投资的方针、政策、法律法规及相关规章制度的严格执行，强化基础建设管理，从而提高投资收益。

② 审核各部门、地方的基本建设投资计划、预算支出和信贷计划的执行情况，维护国家计划的严肃性，控制固定资产投资规模，促进宏观经济的总体平衡。

③ 监控建设单位严格执行已批准的基础建设或技术改造计划，审计建设资金的来源和使用情况，避免计划外的建设项目，纠正挪用或占用建设资金的行为。

④ 检查建设单位、建筑企业、设计单位对国家相关规章制度的遵守情况，确保建设工期、设计要求和工程质量得到保障，促进设计、建设、施工管理水平的提升。

⑤ 监督相关单位遵守财经纪律，维护财经法规，揭示贪污腐败、浪费以及其他损害国家利益的行为，保护国家和人民的经济利益。

⑥ 对审计人员发现的潜在问题进行及时研究，提出客观建议，并向相关部门积极反映，以促进问题的解决。

二、工程项目审计组织

(一) 工程项目审计机构

在我国，工程项目审计机构构成多元化，主要包括国家审计机关、单位内部审计机构及社会审计组织。这三种形式构成了一个互补的审计组织体系。体系中的每一个机构都建立了专门负责固定资产投资审计 (亦称基建审计) 的部门，以便有效管理和执行工程项目的审计工作。

我国最高审计机关——中华人民共和国审计署，担负着组织全国政府审计人员开展各类审计监督任务的职责，并对内部审计机构及社会审计组织实施管理与开展工作指导。作为固定资产投资审计的关键组成部分，我国国家审计机关设立了专门负责工程项目审计的机构。

(二) 工程项目审计人员

在我国，从事工程项目审计的专业人员主要由国家审计机关的审计人员、内部审计机构的审计人员和社会审计组织的审计人员组成。

工程项目审计人员主要应该遵守以下要求：一是审计人员需要具备与其审计工作相匹配的专业知识和业务能力；二是审计人员处理审计事项时，若与被审计单位或审计事项存在利益冲突，应当回避；三是审计人员在履行职责过程中对了解到的国家秘密和被审计单位的商业秘密，必须承担保密责任；四是审计人员受法律保护，任何组织或个人不得妨碍审计人员依法履职，亦不得对审计人员进行打击报复。审计机关负责人由法定程序任免，除非违法失职或不符合任职条件，否则不应随意撤换。

1. 工程项目审计人员应具备的基本条件

工程项目审计工作是一项涉及面较广、政策性和专业性都较强的工作。对于从事此项工作的审计人员，其职业素养和工作方式都有颇为严格的要求。

首先，审计人员需具备以下业务素质：一是深入学习并理解党的各个时期方针、路线和政策，同时熟悉被审计单位的规章制度；二是精通工程项目审计的理论与实务，掌握建筑工程、财政、税收、会计、统计、计划及管理等专业知识；三是掌握被审计单位的基本生产技术、经营管理和业务知识；四是具备判断和分析问题的能力；五是拥有良好的文字表达能力和计算技巧；六是具备计算机理论和操作技能。

其次，审计人员的工作作风和方法应包括：一是认真负责、细致周到，艰苦踏实、实事求是；二是遵纪守法、廉洁奉公，依法办事、公正无私；三是文明礼貌、诚恳待人，态度和蔼、注重方法；四是忠于职守、严守机密，严格遵循程序、有效实施审计。这些素质和作风对于确保审计工作的高效与准确至关重要。

2. 工程项目审计人员应遵守的职业道德

为了增强审计人员的职业道德，审计机构制定了《审计人员守则》，明确规定审计人员应严格遵循以下准则：

① 忠诚于职责，勤勉尽责。

② 依照法律进行审计，坚持客观真实。

③ 廉洁自律，恪守法纪。

④ 积极学习，不断进步。

⑤ 谦逊谨慎，平等对待他人。

审计人员在履行职务时了解到的国家机密和被审计单位的商业秘密，需承担保密的责任。为保障审计工作的独立性和权威性，《审计法》还规定，审计人员不得参与可能涉及个人利益冲突的审计项目。在以下情况下，审计人员应当避嫌：一是审计人员与被审计单位的负责人或财务负责人存在夫妻或直系血亲关系；二是审计人员与被审计单位或审计事项有直接的经济利益关联。

3. 工程项目审计人员必须坚持的审计原则

(1) 坚持依法审计的原则

遵循依法审计的原则是审计工作的根本。每一位从事工程项目审计的专业人员，在履行职责时都应严格遵守国家法律法规。这意味着，在整个审计过程中，必须将法律法规作为最高指引，确保所有审计活动合法、合规。工程项目审计应紧扣"事实为基、法律为准"这一原则，将法律要求贯穿于审计活动的各个环节，确保审计结果的正当性和权威性。

（2）坚持客观、公正的原则

在工程项目审计过程中，坚持客观公正的原则十分重要。审计人员在调查和评估项目相关事宜时，必须基于客观事实，保持中立态度，避免个人情感和偏见的影响。客观性要求审计人员在获取信息、分析数据时做到真实、客观，不受任何外部因素的干扰。同时，公正性要求审计人员在处理审计事项时，必须保持正直和诚实，对待所有利益相关方保持公平无偏。作为国家审计的一分子，审计人员始终保持着独立性，不受被审计单位的影响。这种独立性为其在执行审计任务时提供了坚实的基础，使其能够客观公正地完成任务。在检查被审计单位经济活动的真实性和合法性时，坚持客观和公正原则，对于提高审计质量和有效性至关重要。

（3）坚持群众性原则

在工程项目审计的实践中，审计人员应当坚守群众性原则，以确保审计工作的全面性和深入性。工程项目的审计监督工作，覆盖范围广泛，涉及众多环节。从项目立项到最终交付，每一个阶段都是一个错综复杂的过程，涵盖众多经济事务。鉴于这种情况，单靠审计机关及其人员的力量是不足以应对如此庞大的审计任务的。因此，工程项目审计必须与各相关专业部门如财政、税务、银行、计划经济部门，以及内部审计机构等紧密合作。通过这种跨部门的协作，可以更有效地进行经济监督，确保审计工作的质量和效率。

（4）坚持按照工程项目建设程序进行审查的原则

工程项目的特点与一般工业企业或其他类型企业有所不同，其建设周期长、资金消耗大、见效慢，且涉及多个部门和环节。在进行工程项目审计时，审计人员不仅要严格审核项目的设计、组织和施工是否符合规定的程序，还要根据项目建设的不同阶段，分步骤审查每个工作阶段的合法性和合理性。这种按照工程项目建设程序的审计原则，能够确保审计工作的系统性和规范性，从而提高审计的有效性。

（5）坚持对投资规模实行宏观控制审计的原则

工程项目本身具有资金耗费大、周期长的特点，通常在数年间仅有投入而无产出。因此，在不同时期科学地控制和掌握投资规模，对于国家基本建设的宏观调控与管理至关重要。在对工程项目进行综合经济监督的过程中，审计人员需利用其独立客观的地位和科学的审计方法，特别是在对工程项目的投资规模实行宏观控制上做出贡献。与其他类型的专业审计相比，工程项目审计更应在宏观控制方面发挥重要作用。

(6) 坚持投资的经济效益性原则

按照我国社会主义经济管理的基本法则，应以最少的投资获得最大的产出。项目建设的核心目的在于通过投资建成固定资产，进而实现远超过资产原值的经济效益。在进行工程项目审计时，必须始终关注以经济效益为核心，对建设活动中的业绩及其经营管理活动进行考核和评价。如果脱离了经济效益这一核心，审计工作就会偏离其根本目标。因此，提高投资效益，是工程项目审计不可忽视的重要原则。

(7) 坚持将财务收支审计同概 (预) 算审计相结合的原则

在进行工程项目的财务管理中，将财务收支审计与概 (预) 算审计结合是一项基本原则。这一原则尤其重要，因为工程项目建设在其性质上与工商企业的生产活动有所不同。在工程项目的建设过程中，国家与建设单位、建设单位与施工企业之间形成的经济联系，其依据主要是工程项目的总概算和预结算。

工程项目的初步设计概算，通常是基于初步设计要求，对建筑物、构筑物的造价及从筹建到交付使用过程中产生的所有费用进行初步估算的文件。这份文件是国家与建设单位确认投资金额的根本依据，也是国家控制工程投资上限和编制建设计划的基础。而施工图预算，则是建设单位与施工企业在确定建筑工程造价、签订合同时的参考依据之一，它结合了实际情况下的费用结算，成为建设单位计算成本的基础。概 (预) 算与项目核算紧密相连，它们不仅是项目核算中的主要会计记录基础，也是核算成本、计算包干节余的重要依据。因此，在进行工程项目审计时，只有将财务收支审计与概 (预) 算审计有效结合，才能全面深入地了解和反映工程项目投资的整体情况。

第三节　工程项目审计方法

工程项目审计的方法涉及审计人员在执行任务时收集证据、分析被审单位的经济活动，并据此形成审计意见和决策。由于审计的类型繁多，每项审计的目的、要求和内容各不相同，加之被审计单位在经济业务、规模、管理水平等方面的多样性，审计人员必须运用合适的方法进行审计。采取恰当的审计方法有助于获得全面而可靠的证据，提出客观公正的意见，从而提高审计效率，达到事半功倍的效果，实现审计目标。

一、审计技术方法

在工程项目审计的技术方法方面，由于其属于特定行业的审计，因此可采用一般审计中常用的技术方法，例如审查书面资料、抽样审计等。在实际操作中，工程项目审计通常采用以下几种技术方法：

(一) 简单审计法

简单审计法主要适用于工程项目的某些环节或方面，当这些部分被审计人员通过符合性测试和经验判断后认定为可信赖且相对不那么重要时。简单审计法的核心在于，审计人员将重点关注那些关键的审计点，而不是对每一个细节都进行全面而深入的审计。以工程项目的概算（或预算）审计为例，如果该概算文件由信誉良好的单位编制，那么审计人员可以选择使用简单审计法。在这种情况下，审计工作主要集中在工程单价和取费标准这两个关键方面。通过对这两个方面的简单审计，审计人员能够高效地评估工程项目的概算文件，而无须深入每一个细节。这种方法不仅节省了审计资源，而且在保证审计质量的同时，提高了审计工作的效率。

简单审计法的应用要求审计人员具备丰富的经验和敏锐的判断力，能够准确地识别出哪些审计点是关键的，哪些则相对次要。这种方法的有效性依赖于审计人员对工程项目的整体了解，以及对审计过程中可能出现的各种情况的预判能力。因此，在实施简单审计法时，审计人员需要仔细考虑各种因素，确保审计结果的准确性和可靠性。

(二) 全面审计法

全面审计法是指对工程项目工程量的计算、单价的选套和取费标准的运用，对与工程项目有关的各单位的财政收支等进行详尽的审计。此种全面审计法的特点是审查范围广泛且极为细致，这使得它特别适用于发现工程项目建设过程中可能出现的各类问题。通过这种方法，审计人员能够深入挖掘和分析项目的每一个细节问题，从而确保工程项目的每个环节都符合预定标准和要求。这种全面而深入的审计有助于确保工程项目的质量和效益，防止和纠正可能出现的任何误差或不规范行为。

但是，全面审计法的缺点也十分明显。一方面，这种方法非常耗时和费力。由于需要对工程项目的每个细节都进行深入的审查，因此需要投入大量的时间和人力资源。另一方面，由于审计工作的复杂性和繁重性，这种方法一般只适用于大型或重点的工程项目。在一些问题较多或复杂性较高的工程项目中，全面审计法也是一种有效的选择。

(三) 抽样审计法

抽样审计法是工程项目审计中的一种高效方法，特别适用于全面审计实施存在困难的情况。这种方法的核心在于，在众多的单位工程中筛选出关键的部分进行审计，而不是对每一个工程都进行全面审查。这样的选择既节约了时间又提高了审计的效率。

抽样审计法主要可以采取以下方法。第一种方法是挑选出在整个工程项目中占据主导地位或造价较高的单位工程进行重点审查。第二种方法是对众多单位工程进行分类，然后在每一类中选择具有代表性的工程进行审计。这种分类方法使审计更具针对性，能够涵盖各类工程的典型特点和常见问题。第三种方法是利用历史审计经验作为参考。根据以往的审计结果和经验，审计人员可以识别那些容易出现差错、问题的工程或环节，将审计重点放在这些工程或环节上。

抽样审计法的优势在于其高效性和实用性。与全面审计法相比，它节省了大量的时间和资源，同时也能够有效地识别和处理工程项目中的关键问题。但是，这种方法也有其局限性，比如它可能无法全面覆盖所有工程的所有细节，因此在选择抽样审计法时，需要权衡其优势和局限性，确保审计工作既高效又全面。在实际操作中，抽样审计法常常与其他审计方法相结合使用，以达到最佳的审计效果。

（四）筛选审计法

筛选审计法是一种在工程项目审计中应用广泛的技术手段，其主要特点是通过连续的筛选过程来识别关键问题，并据此展开深入审查。此方法的实施需要依赖于经济技术指标的详尽比较分析，以确保审计的精确性和效率。

筛选审计法是将工程项目中各类工程的单位造价与既定的标准进行比较。例如，对每平方米的造价指标进行逐项对照。在这个过程中，若发现某个工程的造价没有超出预设的标准，便将其纳入简单审计范畴。这样的初步筛选有助于区分出不需要深入审计的项目，从而节省时间和资源。

但是对于那些超出规定标准的工程，筛选审计法会进一步深入。基于各个分部工程造价的比重，再结合积累的经验数据，进行第二轮更为细致的筛选。这一过程的目标是找出那些可能存在重大问题的工程环节，为后续的详细审查打下基础。

筛选审计法的优势在于其可以显著加快审计的速度，特别是在面对大量工程项目时，这种方法能够迅速识别出重点关注区域，但是这种方法也有其局限性。由于筛选审计法高度依赖于预先积累的经验数据，因此在数据不足或不准确的情况下，其效果可能会受到影响。此外，筛选审计法可能无法发现所有存在的问题，有时也可能遗漏一些关键环节或项目。

在采用筛选审计法时，需要在积累足够的经验数据的基础上，结合其他审计技术和方法，以确保审计工作的全面性和准确性。通过这种综合性的方法，可以最大限度地提高审计工作的效率，同时确保不遗漏任何重要的审计内容。

二、审计工作方法

以宏观的角度来看，工程项目审计的方法呈现出独特性。结合我国工程项目管理的实际情况，工程项目的审计通常采取以下几种既有效又具有全面指导性的工作方法。

(一) 财务收支审计和技术经济审查相结合的方法

在工程项目审计中，技术经济审查占据重要位置，包括对可行性研究报告、设计任务书、工程项目预算等的审计。仅仅依靠财务审计是不足够的，必须将财务审计与技术经济审查结合起来，这样才能更加全面、公正地进行评估和提出审计意见。

(二) 审计与检查相结合的方法

审计部门与其他负责建设项目管理的部门联合，开展全面性的审计和检查活动。在将审计和监督检查融为一体的基础上，对设计、建设、施工、监理等各个单位，以及地方投资环境进行全方位信誉评估，不仅有助于加强工程项目的管理，更能有效促进监督工作的开展。

(三) 微观审计与宏观审计相结合的方法

当微观经济利益与宏观经济利益不一致时，前者应遵循后者，这是审计工作的基本原则，尤其在工程项目审计中尤为明显。国家建设项目的投资规模、方向、结构和筹资渠道等方面，都是国民经济整体平衡的重要组成部分，必须给予充分的重视。

具体来说，工程项目审计需从两个层面入手。一方面，进行微观审计，即对单一工程项目从筹备到竣工投产的整个过程进行详细审查，包括财务收支和技术经济等多个方面的活动。另一方面，实施宏观审计，这意味着从更广阔的视角加强对投资活动的控制，对全国乃至地区间工程项目的总体布局、相互关联和国家经济发展情况进行综合评估。

对于源自被审计单位或工程项目本身的问题，应加以指导和促进其改进。至于受外部因素影响的问题，或与宏观决策有关的事宜，应从宏观层面进行分析，提出完善法规、制度和政策的建议，以此增强对工程项目的宏观控制和管理，从而确保工程项目的顺利进行和国民经济的均衡发展。

(四) 事前审计、事中审计和事后审计相结合的方法

在项目启动之前，对其投资效益进行精确评估和决策显得尤为重要。

这就要求进行事前审计，亦即开工前审计或项目建设准备阶段的审计。这一环节重点在于核查工程项目是否遵循了国家行业政策的相关规定，探讨建设资金的来源是否规范和到位，判断工程项目是否满足启动条件，以及审查必要的审批手续是否完备。项目动工后，在建设过程中，对财务收支活动和技术经济活动进行事中审计也同样重要，包括对预算执行情况的审查。项目完成并开始运营后，还需开展事后审计，例如竣工决算的审计和项目的后期评估。

只有将事前审计、事中审计和事后审计紧密结合，才能在工程项目建设中充分发挥审计的监督作用，有助于加快项目进度，提高建设质量。如此一来，不仅能确保项目顺利推进，更能提升资金使用效率和整体项目投资效益。

(五) 国家审计、社会审计与内部审计相结合的方法

在管理和监督工程项目的过程中，融合国家审计、社会审计及内部审计的方法显得至关重要。由于工程项目通常具有广泛的应用范围、高度的专业性和较大的技术难度，各个项目在性质、行业和规模上各不相同，全国范围内的工程项目数量庞大，在多种因素的影响下，仅仅依靠国家审计机构及其人员来完成审计任务可能存在一定的困难。因此，授权或委托社会审计组织承担一定类型和数量的工程项目审计，显得尤为重要。

(六) 采用计算机辅助审计的方法

审计手段的现代化对于提升审计工作的质量和效率至关重要。目前，我国的许多审计组织及审计人员仍主要依赖于传统的手工审计方法，这种方法效率不高，效果有限。我国经济的蓬勃发展以及与国际经济的紧密联系，迫切需要采取措施改变这种局面。随着生产力的发展和计算机技术在各个建设领域的广泛应用，计算机辅助审计将成为审计人员的主要审计手段和方法。通过这种方法，可以有效提升审计工作的效率和准确性，更好地适应经济发展的新要求。

第四节　工程项目审计程序

工程项目审计流程，是指执行审计任务时应遵循的步骤与顺序。遵循科学合理的流程来执行工程项目审计，不仅能够提升审计的工作效率，还能明确审计的责任范围，进而提高审计的整体质量。与其他类型的专业审计相似，工程项目审计流程通常分为几个阶段：审计准备阶段、审计实施阶段、审计终结阶段及后续审计阶段。这些阶段共同构成了一个完整的审计周期，确保审计工作的系统性和有效性。

一、审计准备阶段

(一) 确定审计项目

选定审计项目包括两个层面的内容：一是审计机构需要制订年度审计工作计划；二是审计工作人员依据所属部门的年度审计计划，挑选出具体的审计项目进行工作。

对国家审计机构而言，其应该依据法律法规及国家相关规章制度，在符合本级人民政府及上级审计机构要求的基础上，明确年度审计重点，并据此制订年度审计项目计划。在确定审计计划时，还需要考虑审计人员的数量、能力和专业素质等因素，从而在年度安排的审计计划以及本级政府或相关部门交付的审计任务中筛选适宜的项目。例如，审计署固定资产投资审计司每年初会组织全国范围内的固定资产投资审计工作会议，通过这一平台向地方审计机关和驻地特派员办事处的投资审计处明确传达当年的审计任务和重点，进而各审计机构根据自身实际情况制订本单位的年度审计项目计划。

社会审计组织在开展项目审计前，需要根据地区项目建设的整体安排和当地的投资计划进行全面分析，并考量自身的竞争能力，以确保充足的工作量。与国家审计机关不同，社会审计组织在确定具体的项目审计范围时面临较大挑战，因为它们的任务接收方式较为灵活。多数社会审计组织在全面分析后，会设定年度项目审计的收入目标，并据此确定审计任务的目标及实现这些目标的具体选择方式。

内部审计机构应根据本部门或单位当年的项目建设安排，在遵循管理者要求的同时，结合自身的审计能力，明确内部审计项目的范围。运用风险评估方法，依据项目风险大小和审计重要性，合理安排年度项目审计的优先顺序。一般原则是，优先审计风险较高的项目，或者虽风险较低但影响较大且重要的项目。

（二）成立审计小组

在确定了审计项目后，无论是国家审计机构、民间审计组织，还是企业内部的审计部门，都需要根据项目的性质和审计要求，精心挑选合适的审计人员，组建专业的审计团队，并指定团队负责人，以确保任务分工清晰合理。工程项目审计通常需要涉及的人员类型包括工程技术专家、财务会计专家、技术经济分析师、管理专业人士等。

工程技术方面的专家通常是持有预算员资格或造价工程师资格的工程师或高级工程师，主要负责工程项目造价和技术方面的审计工作。在民间审计组织中，这类专业人士必须具备上述资格才能从事相应的审计工作。财务方面的专家则应熟悉建设单位、施工企业及房地产开发企业的财务会计审计知识。技术经济分析师则是那些精通工程经济、投资经济和项目管理等知识的专业人士，他们在审计过程中主要负责前期决策审计、项目管理审计及建设项目绩效审计等工作。至于管理人员，则主要是负责项目审计中的综合协调工作，他们虽然不一定精通以上提及的专业知识，但必须具备优秀的管理、协调、沟通和统筹能力，通常由他们担任审计团队的领导角色。审计团队的人员规模将根据项目的规模和审计工作的持续时间来决定。在工程项目审计中，通常实行审计组组长或主审负责制度。

从上述描述可以看出，工程项目审计与一般的财务收支审计有所不同，这主要是由工程项目本身的特性所决定的。

（三）编制审计方案

审计方案分为两大部分：审计工作方案和审计实施方案。审计工作方案由相关审计机构制定，而审计实施方案则是由具体的审计团队负责编写，并需提交至该团队所属部门的负责人进行审阅。在通过审计机构的主要领导批准后，审计方案便由审计团队负责具体执行。

在我国，民间审计组织和企业内部审计部门，在制定审计方案时，会参考审计署针对国家审计机构发布的相关文档和规定，确保其格式和内容与国家审计机构的审计方案保持一致。制定审计方案是规范审计工作流程的重要环节，对于任何审计任务来说，都是不可或缺的步骤，工程项目审计亦是如此。

(四) 初步收集审计资料

在启动项目审计工作之前，负责审计的人员需对与工程项目审计相关的各类资料进行初步搜集，如相关的法律法规、规章、政策及其他必要的文件资料等。对于先前已进行过审计的单位，审计团队应当重点关注和了解先前审计的具体情况，并充分利用现有的审计档案资源。此外，审计团队还需对被审计单位的基础情况进行详尽调查。例如，审计人员需要访问计划部门、项目管理部门、银行等相关单位，以深入了解项目的背景和相关资料，如项目立项报告、可行性研究报告、设计任务书、设计文件、预算文件及分年度的投资财务计划等。在资料收集过程中，还应关注各相关单位对该项目的反应和观点。这一阶段所收集的资料，将作为工程项目审计的主要依据。

(五) 下达审计通知书

当审计机构将审计通知递交至被审计单位时，要求该单位的法定代表人及财务负责人对与审计相关的会计资料的真实性、完整性及其他必要情况作出书面保证。在审计过程中，根据具体情况，审计团队还应向被审计单位提出相关书面保证的要求。区别于其他类型的专业审计，工程项目审计的对象不仅包括建设单位，还涵盖设计、施工、监理以及主要的材料或设备供应单位等。理论上，审计机构在发送审计通知时，应当同时通知上述所有相关单位。然而，在审计实践中，此操作极为复杂。因此，审计机构通常仅向建设单位发送审计通知，同时要求所有相关单位按要求执行，并强调工程项目审计覆盖项目建设全过程的各个工作环节，包括建设、施工、设计、监理单位及其他参与建设和项目管理的部门，都应无条件配合工程项目审计工作。

　　由于我国内部审计准则尚未正式发布，内部审计机构在执行建设项目审计时，多以国家审计基本准则为依据。审计实施前3天，内部审计机构会向本单位的相关被审计部门发送审计通知书。对于社会审计组织而言，内部审计机构与委托审计单位签订审计委托书，明确双方的责任、权力和利益，以确保工程项目审计能够顺利进行。

二、审计实施阶段

（一）进驻被审计单位，进一步了解审计情况

　　在发出审计通知书或签署审计委托书之后，审计人员会在约定的日期入驻被审计单位。通常，会召集被审计单位的领导和相关人员参加启动会议。在此会议上，审计团队将阐明审计的目的和要求，并争取获得被审计单位的配合。同时，被审计单位的领导和各业务部门负责人将简要介绍项目的情况。审计人员需掌握的项目信息主要包括：

　　① 建设单位的基本信息，如机构设置、人员编制、负责人信息等。

　　② 项目资金的来源、数额、计划和实际投入情况、项目预算及其调整、国家分配的计划指标与实际到货数量。

　　③ 项目的详细情况，包括平面布局、建筑面积、占地面积、生产区和生活区的建筑面积及占地面积、主要厂房的结构及建筑标准。

　　④ 工程的完成状况和进展，如已完成的单项工程数量和造价、未完成工程的进度等。

　　⑤ 工程设计单位、主要施工单位和主要设备生产厂家的名单。

　　在初步掌握被审计单位情况的基础上，审计人员还需进一步搜集与审计事项相关的资料。若进行开工前审计，则需收集项目建议书、可行性研究报告、设计文件、筹资相关资料、开工手续资料、招标投标资料、工程合同、土地获取相关资料等；若进行工程决算审计，则需搜集工程竣工图、决算书、工程量计算书、材料价格信息、施工合同、施工签证、设计变更资料、施工组织设计文件、项目管理相关的制度规定等。这些资料不仅是审计的依据，更是审计的对象，通常由建设单位提供。为确保审计工作的主动性和准确性，审计人员在搜集资料时需对资料的真实性进行验证，并在必要时

对隐蔽工程相关的证明资料及材料价格相关的资料进行现场核实，以确保信息的真实性，保障审计结论的准确性。

（二）评估工程项目内部控制制度的健全性与合规性

工程项目审计采取的是制度基础审计方法，类似于其他领域的专业审计。该方法首先测试工程项目的内部控制制度，旨在评估其恰当性和有效性，并确定最优的控制点。由此出发，审计人员针对这些控制点开展重点审计，以提升审计工作的效率。整个过程大致分为以下三步：

1. 描述内部控制制度

审计人员可以采用调查问卷、流程图或文字描述等多种方式来展现工程项目的内部控制制度。这包括承建方式、建设与管理的组织体系、现场管理、授权、财务管理、材料及设备采购等方面的描述。这段描述不仅展现了项目建设和管理的高质量，更让审计人员全方位了解项目。

2. 测试内部控制制度

对内部控制制度进行测试，包括穿行测试和小样本测试两个环节。穿行测试分为"凭证穿行"和"程序穿行"两种方式，前者追踪整个活动流程的记录，后者则是审计人员对每个步骤进行一到两次测试。审计人员从控制点分析入手，对建设活动的每个层面进行测试。而小样本测试则是挑选少量行为活动进行测试，主要是为了检验内部控制制度执行的有效性，即实际活动效果是否达到预期目标。

在完成了内部控制制度的描述和测试后，审计人员将立即对工程项目的内部控制状况进行评价，并据此调整审计方案或扩展测试范围。

3. 依据修订审计方案，对工程项目实施审计

选取工程项目审计的关键环节，对相关资料、文件、合同、资金、实物等进行仔细审核和核查。审计过程中，要频繁进入施工现场，开展现场勘查和测量工作，深入调查取证，确保审计内容的真实性和合法性。在此过程中，应当准备审计工作底稿。审计人员经过反复收集证据和分析，对被审计单位提交的材料有了全面了解，并根据国家的指导原则、政策、法律法规以及相关技术经济标准，对被审计项目的真实性、合法性和效益进行评估，从而形成初步的审计结论。在审计执行阶段，审计人员需要与被审计单位就初

步审计结论进行沟通交流，讨论其适当性，并争取形成共识。

从工程项目审计的实施角度看，开工前的审计主要集中于程序合规性和内容合理性，因此其审计结论通常聚焦于项目建设和管理资料的完整性、真实性、工作程序的合规性，以及审批部门的严格把关等方面。工程造价审计则侧重于确定造价的真实性和项目预算的执行情况，以及工程款项的结算，审计结论通常以数字形式呈现，如工程量的准确性、定额应用的合理性、收费标准的适当性等都应在初步审计结论中体现。工程项目管理审计则应根据项目管理目标和特点适当扩展，其核心体现在工程项目绩效审计的"效果性"内容上。至于工程项目的财务收支审计，审计人员应从内部控制体系入手，识别薄弱环节，然后对会计报表、相关账目和原始凭证进行深入审计。在这一基础上，才能形成准确的初步审计结论。

在整个过程中，审计人员应按规定完成审计工作底稿。与被审计单位就初步审计结论达成一致后，便开始准备编制审计报告。

(三) 编写审计报告

在提交审计报告给派遣单位或委托机构之前，审计小组须征询被审计单位对审计报告的看法。被审计单位在接收审计报告后 10 日内应提供书面反馈；若在指定时间内未提供书面意见，则认为其无异议，审计人员应作出相应标注。若被审计单位对审计报告持有不同意见，审计小组则需进行进一步的研究和核实。必要时，应考虑修改审计报告。

完成对审计项目的审计工作后，审计小组应及时向其派遣单位或委托方报告审计结果；报告提交的期限通常不应超过 60 日。国家审计机构指派的审计小组应将审计报告、被审计单位的书面反馈以及审计小组的书面说明，统一上报给审计机构。

审计机构应建立并完善审计报告的审核体系，设立专门部门或指派专职人员负责审计报告的审核。审核部门或审核人员在完成审计报告审核后，应提出审核意见并做好审核工作记录。

经过审核的审计报告，最终由审计机构批准。一般审计项目的报告，可由审计机构的主管领导批准；而对于重大事项的审计报告，则应通过审计机构的审计业务会议进行批准。

审计机构在审定审计报告时，重点关注以下几个方面：

① 审查与审计相关的事实是否明确，相关证据是否充分确凿。

② 核实被审计单位对审计报告的回应，以及复核部门或复核人员的复核意见是否得当。

③ 评估审计中提出的建议是否适宜。

④ 审核处理和处罚措施是否准确、合规、妥当。

在审计机构批准审计报告后，将根据审计情况对审计对象做出评价，发放审计意见书。此外，在报告审计工作时，还需要遵循特定的行为规范。审计机构批准审计报告后，将根据不同情况做出以下处理。一是对被审计单位的财政、财务活动的真实性、合法性、效益性进行评估，向被审计单位提出自我纠正措施和改进建议，并出具审计意见书。二是对违反国家规定的财政、财务活动，依法做出相应的处理和处罚决定，并发放审计决定书。如果在两年内未被发现违规行为，虽然不会受到处罚，但仍然可以依法处理。三是对于违反规定的财政、财务行为及其负责人和其他直接责任人员，若审计机构认为需由相关管理机关处理和处罚，则出具审计建议书，以供相关机关采取行动。四是对于那些涉嫌违法或犯罪的财政和财务行为，以及相关责任人员，应制作移送处理书，并将其移交给司法机关，以追究其刑事责任。五是审计机构在审计过程中发现的宏观经济管理相关的重大问题和违法违纪行为，应向本级人民政府和上级审计机构提出专题报告。

在审计过程中，对于被审计单位或相关责任人员因违反国家规定而需面临较大数额罚款的情形，审计机构在作出审计决定之前，须通知他们有权在 3 日内申请听证会。若被审计单位或相关责任人员提出听证要求，审计机构需要组织听证会。在正式发放审计意见书及作出审计决定之前，相关审计文件，如审计意见书、审计决定书、审计建议书及移送处理书的草稿，都需由复核机构或专职复核人员进行严格的复核。审计机构在接到审计报告后的 30 日内，必须将审计意见书和审计决定书递交给被审计单位及相关单位。审计决定从送达之日起开始生效，通常需在 90 日内执行完毕。在特殊情况下，执行时间可适当延长，但必须得到审计机构的批准。

审计建议书的形式与审计意见书相仿，但两者在内容上存在两项主要区别：一方面，建议书的接收单位并非被审计单位，而是拥有执行处理权力的机构；另一方面，审计建议书通常由审计机构就项目建设中的违法违纪行为提出处理建议，而审计意见书则是针对项目建设中违反财经法规的行为，提出的纠正与改进意见。

需要说明的是，社会审计组织的审计报告主要针对委托单位，而非上级审计机构。这些组织不出具审计意见书或审计决定书，但可能应被审计单位的请求提出审计建议，以便被审计单位及时纠正项目建设与管理过程中存在的不当行为。随着对责任意识的增强，建设单位越来越重视外部审计的结果和建议，使得社会审计组织在项目审计过程中提供的咨询服务功能逐渐凸显。

内部审计机构遵循国家审计机关的模式完成审计报告，其主要接收单位是审计的主管领导或主管部门。国内外内审机构的设置通常有四种模式：一是隶属于董事会或审计委员会；二是隶属于最高行政官；三是隶属于高级管理层；四是隶属于主审计长或财务主管。审计小组编制的审计报告应提交给所属的内部审计部门，再由内部审计部门领导上报给上级主管部门（如董事会、审计委员会、高级管理层、最高行政官或财务主管），由内部审计部门提出审计建议或意见，并由上级主管部门最终出具审计决定。

三、审计终结阶段

在审计终结阶段，审计人员需完成一系列工作。首先，审计人员应对所收集的审计资料进行整理并归还，其次审计人员从审计现场撤离。完成这些步骤后，工作重点转移到审计档案的整理上。

应存入档案的关键资料：一是审计方案，作为审计工作的基础和指南；二是发出的审计通知书或接受的审计委托书，标志着审计工作的正式开始；三是审计工作底稿，记录了审计过程中的详细信息和分析；四是审计报告及征求意见书，连同相关的书面回执，反映了审计结果和外界反馈；五是审计建议书和审计决定，展现了审计后的建议和决策；六是审计过程中依据的主要资料复印件，作为审计依据和参考。

这些资料的整理和存档对于确保审计工作的完整性和透明度至关重要。它们不仅提供了审计活动的详细记录，还为今后可能的查询或核查提供了重要依据。

四、后续审计阶段

后续审计阶段主要指的是审计机构在先前审计完成后，为核实审计结果的准确性、揭露被审单位的潜在隐瞒行为或纠正先前审计中的疏漏和错误，开展的跟踪审计活动。例如，某些工程项目虽已动工，但由于建设资金未能及时到位、配套项目未能同步进行，或是工程地点的地质条件不明确等因素，导致建设进度受阻，工期延误，影响项目按期完工，从而造成经济损失。针对这类情况，实施后续审计至关重要，以确保项目能够按计划实现预期效果。另外，对于那些已经进行过初期审计或在建项目审计的建设项目，当项目完工投产后，审计机关再次进行的审计也被视为后续审计。这项评估不仅能全面评估项目的实际投资效益，与之前的可行性预测进行对比，更能对在项目建设过程中所取得的成就和所积累的教训进行全面评价。同时，也能评估之前审计的质量和水平，积累经验，为未来的审计实践提供指导。后续审计的主要内容包括：

①审查原审计结论和处理决定中提出的问题的落实情况，检验被审单位是否采取了有效的整改措施，以及这些措施的实际效果。对于未被采纳或执行的问题，需要分析原因；对于未及时解决问题的情况，应加强督促，确保问题得到妥善解决。

②检查先前审计中发现的问题是否再次发生，特别是那些由于时间紧迫、人力有限等原因未能彻底查清的隐蔽问题，如资金挪用、挤占建设成本等。

③审查新出现的问题。有些单位可能会规避已审查的问题，在其他方面作弊，如违反财经纪律的新方法、未经批准的工程项目等，这些都可能导致损失和浪费的再次发生。

④回顾和检查上一次的审计质量及审计报告的质量，找出工作中的不足或错误，确保审计决定的客观性、准确性和操作便利性。通过自我审查，有助于改进工作，提高审计质量，增强审计的权威性。

后续审计是审计工作流程中不可或缺的重要部分，它加强了审计监督的作用，深化了审计内容，是推动审计工作向制度化、规范化发展的有效手段。

第二章　工程项目准备阶段审计

第一节　工程项目审批程序设计

一、工程项目审批程序审计的概念、内涵

(一) 工程项目审批程序审计的相关概念

1. 工程项目审批程序审计的概念

工程项目审批程序审计是指审计机关根据有关法律法规的规定，对工程建设单位履行基本建设审批程序的过程进行检查，监督建设单位按照国家规定的基建程序进行项目文件的编制和申报，确保工程建设项目的决策、立项、审批及调整过程按要求完成。同时，对政府相关职能部门履行审批职责情况进行监督。

2. 工程项目审批程序审计的作用

工程项目的审批程序开展审计是一种重要的监督手段，有利于保证工程项目决策科学、设计可行、规模合理。它主要具有三个作用：一是可以及时对项目决策过程中出现的问题或可能出现的问题提出审计意见，促进项目投资决策更科学、合理；二是监督工程建设单位严格履行基建程序，防止"三边"或"多边"工程，减少损失浪费和建设成本；三是督促政府有关职能部门严格按照规定程序办理各项审批业务，促进政府部门依法行政，提高行政效率。

3. 工程项目审批程序审计的对象

工程项目审批程序审计的对象主要表现为工程建设单位执行建设程序而进行的一系列技术经济活动及上报审批程序。

① 建设单位在执行前期各项工作时的技术经济活动。前期工作主要包括工程建设单位的立项、决策、规划、环保、征地、初步设计、施工图设计

等一系列活动。

②上报审批的各种文件。文件主要包括项目建议书、项目选址申请、环境评估报告、可行性研究报告、初步设计、施工图设计等。上报审批的各种文件主要审查其是否按照国家规范编制。

③相关部门的审批过程及批准文件。审批内容主要包括审查相关行政主管部门是否按审批权限履行职责，审批过程是否合规，内容是否完整、有效。

4.工程项目审批程序审计的重点

①审批程序的完整性。审批程序的完整性即检查工程建设单位是否按照规定的要求和先后顺序完成所有的审批环节。

②报批文件的真实性。报批文件的真实性即检查包括所有上报文件资料来源和原始数据的真实性与合法性，以及测算方法的科学性和有效性，还包括初步结论的可行性和最优性评估。

③审批文件的合规性。审批文件的合规性即检查所取得的审批文件是否为审批机关在规定的权限内审批并按规定发出的有效批文。

④审计方法的针对性。审计方法的针对性即工程项目审批过程多、环节多、资料多，应相应选用审阅法、对比法等审计方法。

(二) 工程项目审批程序的内涵

需要国家和省(自治区、直辖市)审批的基本建设项目，必须经过五道审批手续，项目建议书、可行性研究报告(含招标方案)、初步设计、年度投资计划和开工报告，这五道手续均需要报本省(自治区、直辖市)国家发展改革委员会(以下简称发改委)或由省(自治区、直辖市)发改委审核后转报国家发改委审批。房屋建筑项目和一些小型的农业项目(不含水利)、高技术产业化项目审批手续可适当简化，项目建议书和可行性研究报告两道审批手续可合并为一道手续；此外，列入省重(自治区、直辖市)点、大中型项目中长期规划或年度前期工作计划、需要报省审批的基建项目可免予审批项目建议书，直接报批项目可行性研究报告。可行性研究报告是项目决策的依据，应按规定的深度做到一定的准确性，投资估算和初步设计概算的出入不得大于10%，否则需对项目重新进行决策。

1. 项目建议书的审批

报批项目建议书必须具备四种文件。

① 主管部门报送项目建议书的请示文件。请示文件必须对工程项目的必要性、建设规模、总体布置方案、总投资及工程项目资金来源等做出简要的说明。省属项目由省行政主管部门报送项目建议书；参股投资项目由省归口行政主管部门和设区市发改委联合上报项目建议书；地市项目由设区市发改委报送项目建议书，省行业主管部门提出审查意见。

② 项目建议书文本。非生产性工程项目可在报送项目建议书的请示文件中论述，不需编报项目建议书。

③ 选址意向书。拟在城市规划区内建设的非生产性工程项目，必须附有城市规划行政主管部门签发的选址意见书。

④ 工业项目必须附内联或外商投资意向书或协议书、环保部门初步意见和土地部门用地预审意见。

2. 可行性研究报告的审批

报批可行性研究报告应当具备一些文件。

① 主管部门报送可行性研究报告的请示文件。

请示文件必须对可行性研究报告的内容做简要的阐述，其中包括确定工程项目规模的依据，总体布置方案的倾向性意见，项目定址方案，资源、原材料、燃料及公用设施落实情况，总投资估算及建设资金筹措方案，建设工期和实施进度，项目业主或法人组建方案。

省（自治区、直辖市）属项目由省（自治区、直辖市）行政主管部门报送可行性研究文件；参股投资项目由省（自治区、直辖市）归口行政主管部门和设区市发改委联合上报可行性研究报告；地市项目由设区市发改委上报可行性报告，省（自治区、直辖市）行业主管部门提出审查意见。

② 有相应资质的咨询设计单位编制的工程可行性研究报告文本。

③ 大中型项目应有相应资质的咨询单位对项目可行性研究报告的评审意见。

④ 土地主管部门、环境主管部门、城市规划、防震、防洪、防空、文物保护、资源、劳动安全、卫生防疫、消防等部门的评价意见文件。

⑤ 有权单位出具的比较明确的资金承诺证明，银行贷款必须附有权银

行出具的贷款意向证明文件。

⑥ 工程招标方案。工程招标方案包括招投标方式(自行招投标或委托招标、公开招标或邀请招标)、招标范围、招标内容、招标项目相应资金和资金来源已落实的文件。

⑦ 项目法人组建方案。

⑧ 工业项目必须附内联或合资双方签订的合同、章程。

⑨ 高技术产业化项目必须附成果鉴定证书。

3. 初步设计的审批

报批初步设计必备的文件有四种。

① 主管部门报送要求审批初步设计请示文件。

② 有相应资质单位编制提供的勘查报告和初步设计文件。

③ 初步设计专家审查意见。

④ 初步设计审查会议纪要。

4. 年度投资计划安排的审批

项目初步设计获得批准后,可依据工程建设资金的落实情况,申请将其列入年度基本建设投资计划。

申请列入年度基本建设计划必备文件有四种。

① 行政主管部门申请年度基本建设投资计划的文件;省属项目和参股投资项目由省归口行政主管部门报送申请计划文件;地市项目由设区市发改委上报申请计划文件;省直行政机关购、建房项目必须附有省直机关事务管理局出具的审查意见文件。

② 工程建设项目的建设用地规划许可证和工程建设用地许可证文件及红线图。

③ 行政主管部门自筹资金年度计划安排建议。

④ 有权机关批复的初步设计文件及其他批复文件复印件。

5. 项目开工报告的审批

项目开工报告的审批所需材料包括九种。

① 市发改委或建设项目行业主管部门的初审意见。

② 项目法人设立的批复文件(即工商营业执照或各级政府批准文件)。

③ 项目建议书、可行性研究报告、初步设计及总概算批准文件(复

印件)。

④项目资本金落实文件及年度投资用款计划 (复印件)。

⑤规划部门"一书两证"(复印件)。

⑥项目的施工组织设计大纲应包括能支持连续施工3个月以上的施工图。

⑦施工招投标合同 (复印件)。

⑧项目征地、拆迁和施工场地"四通一平"(即供电、供水、运输、通信和场地平整)工作已完成,项目建设需要的主要设备已订货,并已准备好连续施工3个月的材料用量。

⑨项目施工监理单位已通过招标选定。

二、工程项目审批程序审计的内容

(一)对项目建议书审批的审计

对项目建议书审批的审计重点包括三方面的内容。

1. 项目是否符合国家产业政策

产业政策是国家为了引导国民经济的正常发展而针对鼓励发展产业和限制发展产业所制定的标准和政策。它是优化投资结构、引导投资方向的重要文件,具有时效性。

审计人员在审查工程项目立项时,应当评价项目是否属于国家明确规定的鼓励发展产业,如果是属于限制发展产业,应当在跟踪审计报告中指出。

2. 项目建议书的编制是否符合要求

项目建议书的编制是否符合要求主要从两个方面进行审查:一是检查项目建议书的内容是否齐全,是否包括项目建议书应具备的基本内容和要素;二是检查项目建议书的各种依据是否充分、完整,原始资料来源是否真实,项目的经济效益和社会效益计算是否正确等。

3. 管理部门是否按规定进行审批

一般地,项目建议书是按照现行的管理体制、隶属关系实行分级审批制度。审计时应注意是否存在越权审批行为,是否有工程建设单位故意将工程项目化整为零、逃避上级管理部门监督与审批的现象。

(二) 对可行性研究报告审批的审计

对可行性研究报告审批的审计包括对可行性研究报告的编制、上报及审批的审计。审计重点包括三个方面。

① 检查项目可行性研究报告是否执行了国家或部门的《建设项目可行性研究报告内容或深度的规定》。

② 检查工程建设单位是否将可行性研究报相关计划管理部门审批，是否存在先批、后论证的情况。

③ 检查计划管理部门是否按国家规定的审批权限和范围进行了审批。

(三) 对初步设计审批的审计

大型项目的初步设计，按照项目的隶属关系，由主管部门审批，报国家发改委备案。中小型项目的初步设计，按照隶属关系，由主管部门或地方政府授权的单位进行审批。各级主管部门应严守国家规定的审批权限，不得随意下放审批权限，也不得超越权限审批。审查时应将初步设计的审批文件与有关规定对照比较，如果发现问题，应重新审批初步设计并追究有关方面的责任。

初步设计由图纸和文字说明组成，其主要内容分为工艺设计、建设设计和总概算三部分。初步设计是设计单位依据设计任务书编制的。其审计重点包括五个方面：

① 核查初步设计的设计规模是否与设计任务书一致，有无夹带项目，超规模等问题。

② 设计深度能否满足技术、经济等方面的要求。

③ 初步设计文件内容的审计包括工艺、设备的选择是否先进、合理、经济，建筑物的设计是否符合安全、适用、美观的原则等。

④ 设计质量的审计：设计文件所依据的标准规范是否符合国家规定；基础资料是否可靠；设计单位是否有健全的编制、审核责任制；图纸、文字资料的各级校对、审核是否符合要求；设计单位是否有设计文件质量检查记录，审计人员可适当抽查设计图纸质量。

⑤ 设计审批权限审计：各级主管部门必须根据国家规定的审批权限及

审计办法进行审批，不得随意下放审批权限，也不得超越权限审批。审计时如果发现有超越审批的现象，应向有关部门通报。

(四) 对建设用地征收、征用、划拨手续审批的审计

建设用地征收、征用、划拨手续的办理与审批是指工程建设单位持初步设计审批文件、建设用地规划许可证、环境质量评价书等文件，向土地管理部门正式申报，土地行政管理部门依照法定程序，依据土地利用总体规划和土地利用年度计划，将农用地和未利用地转为工程建设用地的审批过程。

其审计重点包括三个方面：

① 建设单位上报的资料是否真实、完整，有无为取得上级土地管理部门的同意而故意对申报资料弄虚作假以及以可办理用地的手续和名义办理国家不予审批的工程项目用地的行为。

② 用地审批权限是否正确。用地审批权限是否正确指地方土地行政主管部门是否依据有关法规规定，按照规定程序上报审批，上报的资料是否真实、合法、有无违反程序擅自审批、越权审批等行为。

③ 建设用地的征收、征用、拆迁手续是否办理了审批，与被征收、征用单位及有关个人商定的土地补偿安置方案是否合法、合理，是否取得了建设用地批准书。

(五) 对施工图审批的审计

对施工图审批的审计主要是对施工图编制报送及审核的审计，审计重点包括三个方面。

① 检查工程建设单位是否在进行施工图设计审查之前进行了相应的勘察设计，工程建设单位是否聘请持有勘察证书的单位进行勘察，勘察单位出具的工程地质勘察成果报告是否规范。

② 施工图的编制是否满足开工要求，内容是否符合国家有关工程建设强制性标准和规范，是否按照经批准的初步设计文件进行施工图设计，施工图是否达到规定的设计标准要求，工程勘察是否符合国家及本地的有关技术标准及规定，结构设计是否安全，是否损害公众利益。

③ 相关审批部门是否按规定审核施工图设计，签发施工图审查批准书，

审查机构是否盖章，审查人员是否签字。施工图预算超过批准的初步设计概算投资 5% 以上的，须重新向原审计机关报批。

(六) 对开工报告审批的审计

对开工报告审批的审计包括对开工报告申请及开工报告批复进行审计。其审计重点包括两个方面：

① 工程建设单位是否按规定要求向相关管理部门提交开工报告申请。

② 计划管理部门是否按规定权限审核开工报告，有无越权审批的问题，对各道手续的办理是否最终把关，是否按规定核发了书面的开工申请报告批复。

第二节　工程项目可行性研究报告设计

一、可行性研究报告审计的含义

可行性研究报告审计是一项关键的评估工作，其目的在于确保报告的真实性、完整性和科学性。这一过程对于投资决策者来说至关重要，因为它提供了基于事实和透彻分析的决策依据。此类审计通常涉及多个层面的审查，每个层面都针对报告的不同方面进行细致的评估。

(一) 可行性研究报告真实性审计

可行性研究报告真实性审计是一项复杂而细致的工作。它要求审计人员不仅要有扎实的财务知识和丰富的市场经验，还要具备高度的分析能力和对细节的敏感度。通过这种审计，可以确保企业决策基于可靠和真实的信息，从而提高项目成功的可能性，降低潜在的风险。这不仅有助于提升企业的运营效率和盈利能力，还能增强其在市场上的竞争力和可持续发展能力。

第一，对于市场预测的真实性审计，关键在于评估数据获取的方式是否适当。这包括检查数据的来源、收集方法和使用过程中的准确性。例如，市场调研数据应来源于可信赖的市场研究机构，或者通过可靠的调研方法获得，如调查问卷或者焦点小组讨论。此外，还需要评估数据解读的合理性，确保市场分析和预测是基于充分、真实的市场信息。

第二，财务估算的审计着重于成本项目的完整性和准确性。这涉及对报告中列出的所有成本项进行仔细的审查，以确保没有遗漏任何重要成本，如原材料、劳动力、运输和管理费用等。同时，还需评估成本估算的合理性，比如是否考虑了市场价格波动、供应链变化等因素。

第三，历史价格和实际价格的测试是审计的另一个重要方面。这意味着需要对比历史数据和当前市场条件，验证所用价格的真实性。例如，如果报告中使用了过时的价格数据，那么其可靠性可能会受到质疑。因此，审计人员需要对历史价格数据进行核实，并与当前市场情况进行比较。

第四，内部价格及成本水平的真实性测试关注的是企业内部的成本控制和定价机制。这包括评估企业成本核算的准确性和合理性，以及内部定价策略是否与市场条件和企业战略相符。这种测试可以帮助确定报告中的财务预测是否可靠，以及企业是否有能力实现这些预测。

（二）可行性研究报告内容完整性审计

在进行可行性研究报告内容完整性审计时，审计人员的主要任务是确保报告全面而详尽地涵盖所有关键要素，这对于评估项目的可行性和成功概率至关重要。

第一，审计团队将评估报告是否详尽地描述了工程项目的目的和目标，这包括项目旨在解决的问题、预期达成的目标，以及其对应的市场和社会需求。

第二，工艺技术的可行性是另一个关键点，审计人员需验证所选技术是否先进、适合和可靠，确保技术能够满足项目要求并具有长期的可持续性。

第三，经济合理性的评估则聚焦于项目的财务可行性，包括收益预测、成本估算和盈利潜力。项目规模的决策因素则包括项目设计的合理性、规模的适宜性及其对市场的适应性。

第四，报告必须全面涉及原材料供应、市场销售条件等关键经济目标。原材料供应的审计关注材料的可获得性、成本和质量，而市场销售条件的审计则涉及产品的市场需求、定价策略和销售渠道。

第五，报告还应包含关于建设地点的详细说明，主要包括地理位置、气候条件、交通状况、劳动力市场和环境保护要求等方面。环保约束条件的评估对于确保项目符合当地和国际的环境标准非常重要。对不同选址方案的比较分析则可以帮助决策者选择最合适的地点。

第六，项目的时间规划，包括投资开始、项目建成、投产和收回投资的时间点，是审计过程中的另一重要方面。这些时间节点的合理性对于项目的顺利进行和成功至关重要。审计人员需要评估这些时间规划是否现实，是否与项目的整体目标和市场条件相符。

第七，项目的资金筹措方式是审计的一个关键部分。审计人员需核查报告是否提供了关于项目资金来源、融资计划和预算安排的详细信息。

二、可行性研究报告科学性审计的主要内容

可行性研究报告的科学性审计是一个多层面、多环节的复杂过程，包括从项目方案的选择、资源的可用性到环境保护等众多方面。通过细致的审计，可以确保项目在实施前的各个方面都得到了充分的考虑和评估，从而大幅提升项目成功的可能性。可行性研究报告科学性审计的主要内容如下：

(一) 机构资质与专家资格审查

进行可行性研究时，要检查参与的机构是否具备相应的资质，专家团队是否拥有合适的专业结构和资格。这一步骤至关重要，因为专业的机构和资深的专家能更准确地评估项目的可行性，确保研究的准确性和科学性。例如，一个涉及复杂工程技术的项目，需要具备相关领域经验的工程师和技术专家的深入参与。

(二) 投资方案的全面审查

审计需要检查项目的投资方案，包括投资规模、生产规模、布局选址、所用技术和设备等。这些因素直接影响项目的成本效益和长期可持续性。来源的可靠性和资料的完整性是评估的关键。例如，在技术选型时，应考虑技术的成熟度、效率和未来的可维护性。

(三) 基础设施与资源供应的评估

项目的成功执行不仅依赖于内部管理和技术，还依赖于原材料、燃料、动力供应，以及交通和公用配套设施的可靠性。审计需要评估这些资源是否能够满足项目的长期需求，以及是否有可能因资源短缺而导致项目中断。

(四) 方案比较与决策过程

有效的决策过程应基于对多个方案的比较。审计过程中，应检查项目是否在仔细比较了不同方案后作出决策，以及是否有与类似项目的技术经济指标和投资预算进行比较的情况。这种比较有助于确保选择的方案在成本效益、风险管理等方面是最优的。

(五) 环保法规遵守与工程设计

审计还需要检查工程设计是否符合国家环境保护的相关法律法规。这一点尤其重要，因为任何违反环保法规的设计都可能导致项目在后期遭遇法律障碍，甚至可能导致项目的停滞。同时，还需要检查是否有配套的环境治理项目，并确保这些治理项目能够与建设项目同步进行。

三、可行性研究报告审计的方法

可行性研究报告审计一般采用五种方法。

① 收集与可行性研究报告相关的资料。审计的第一步是收集与可行性研究报告相关的所有资料。这些资料包括投资或工程咨询公司的资质证明、与可行性研究相关的原始基础资料、测算程序和结果、可行性研究报告本身及其决策论证会的资料和纪要等。通过这些资料的收集，审计人员能够获得对项目全面的了解，为进一步的审计工作打下基础。

② 审阅与验证资料：收集完资料后，审计人员需要审阅这些资料，验证其真实性、充分性和可靠性。这一步骤至关重要，因为有时可能会出现为了通过审批而编造或杜撰基础资料的情况。审计人员需要具备敏锐的洞察力和丰富的专业知识，以识别和验证信息的真实性。

③ 验证计算公式和结果：审计的另一个关键环节是验证报告中使用的

计算公式是否恰当，以及计算结果是否正确。这要求审计人员不仅要有相应的专业知识，还需要对项目所涉及的计算过程有深入的理解，确保所有的计算都是准确无误的。

④差异查证和审计判断：在审计过程中，一旦发现任何差异或问题，审计人员需要进行进一步的查证，包括进行专题调查。对于特定行业的复杂交易或高度技术性的财务处理，审计人员可能需要借助相关领域专家或中介机构的知识和经验。这些专家和中介机构能够提供必要的技术支持和专业见解，帮助审计人员深入探究问题的核心，从而使他们能够基于充分、准确的信息做出审计判断。

⑤发表审计意见和改进建议：这一步骤体现了审计过程的核心价值，即不仅要识别问题，还要提供解决方案。在发表审计意见时，审计人员会指出报告中的具体问题，如数据不准确、假设不合理、计算错误或其他任何可能影响报告结论的重要问题。这一过程需要准确和详细，确保所有关键问题都被识别出来。仅仅指出问题是不够的，审计人员还需要提出具体的改进建议。这些建议可能包括对数据的再验证、假设的调整、计算方法的改进等。提出的改进建议应具有可操作性，即足够具体，能够明确指导项目组如何修正报告中的问题。

第三节　工程项目设计概算审计

一、设计概算的含义

设计概算，是指设计单位在初步设计或扩大初步设计阶段，在投资估算的控制下，根据初步设计（或扩大初步设计）图纸及说明、概算定额、各项费用定额或取费标准、设备、人工、材料、机械预算价格等资料，编制和确定的工程项目从筹建至竣工交付使用所需全部费用的文件。采用两阶段设计的工程项目，初步设计阶段必须编制设计概算，采用三阶段设计的，技术设计阶段必须编制修正概算。

设计概算包括单位工程概算、单项工程综合概算、其他工程的费用概算、工程项目总概算及编制说明等。每一个环节都是精心设计与计算的结果，确保了整个概算的准确性与可靠性。在这个过程中，不仅要考虑到每个单独部分的详细成本，还需要综合考虑整个工程的成本效益。通过逐层汇总和综合分析，能够确保工程概算既具有细致的精度，又不失对项目整体成本的全面把控。这种从细节到整体的逐步编制方式，不仅提高了概算的透明度和可追溯性，而且增强了对工程项目成本管理的有效性，为工程项目的顺利实施提供了坚实的预算基础。

二、设计概算的作用

设计概算的主要作用包括六个方面。

(一) 编制工程项目投资计划、确定和控制工程项目投资的依据

国家规定，编制年度固定资产投资计划，确定计划投资总额及其构成数额，要以批准的初步设计概算为依据，没有批准的初步设计及其概算的建设工程不能列入年度固定资产投资计划。

经批准的建设项目设计总概算的投资额，是该工程建设投资的最高限额。在工程建设过程中，若年度固定资产投资计划的安排、银行拨款或贷款、施工图设计及其预算、竣工决算等未按规定程序批准，则都不能突破这一限额。这样做是为了确保国家固定资产投资计划的严格执行和有效控制。

(二) 签订建设工程合同和贷款合同的依据

总承包合同不得超过设计总概算的投资额。设计概算是银行拨款或签订贷款合同的最高限额，工程项目的全部拨款或贷款以及各单项工程的拨款或贷款的累计总额，不能超过设计概算。如果项目的投资计划中列出的投资额、拨款或贷款超过设计概算，建设单位必须首先查明原因，然后向上级主管部门报告以调整或追加设计概算的总投资额。在未获批准之前，银行将拒绝拨付超出部分的资金。

(三) 控制施工图设计和施工图预算的依据

经批准的设计概算是工程项目投资的最高限额，设计单位必须按照批准的初步设计和总概算进行施工图设计，施工图预算不得突破设计概算。如

确需突破总概算时，应按规定程序报经审批。

(四) 衡量设计方案技术经济合理性和选择最佳设计方案的依据

设计概算是设计方案技术经济合理性的综合反映，据此可以用来对不同的设计方案进行技术与经济合理性的比较，以便选择最佳的设计方案。

(五) 工程造价管理及编制招标标底和投标报价的依据

设计总概算一经批准，就作为工程造价管理的最高限额，并据此对工程造价进行严格的控制。以初步设计进行招投标的工程，招标单位编制标底是以设计概算造价为依据的，并以此作为评标定标的依据。承包单位为了在投标竞争中取胜，也以设计概算为依据，编制出合适的投标报价。

(六) 考核建设项目投资效果的依据

通过设计概算与竣工决算对比，可以分析和考核投资效果的好坏，同时还可以验证设计概算的准确性，有利于加强设计概算管理和工程项目的造价管理工作。

三、设计概算审计的意义与依据

(一) 设计概算审计的意义

1. 调整投资结构

设计概算审计可以限制计划外项目，制止高标准取费，严格执行国家在一定时期内的产业政策和投资方针，控制建设规模和设计标准，使所有计划项目在不突破概算指标的前提下达到综合平衡。

2. 提高投资效益

设计概算审计是保证投资效益得以实现的重要措施之一，它可以督促施工企业制订降低成本计划的施工措施，加强施工管理，完善内部控制制度，及时办理预算外施工签证，防止任意扩大成本开支范围，促进工程建设单位与施工单位努力节约人、财、物的消耗，从而降低建设成本，减少投资浪费。

3. 提高审计质量

在项目正式建设之前，审计设计概算，有助于强化事前审计监督的职能，将失误消除在项目破土动工之前，可以减少建设损失，它是由我国固定资产投资建设的基本特征所决定的。固定资产投资审计的积极意义也表现在此。通过设计概算审计，改革"肥梁胖柱深基础"的传统设计模式，把费用支出控制在前，提高审计质量。

4. 提高设计概算的编制工作质量

坚持对设计概算经常审计，不断纠正设计概算编制中的错误，这是概算审计工作的基本出发点。通过设计概算审计，进一步完善基本建设预算体系，帮助企业端正思想，提高业务技术水平。

（二）设计概算审计的主要依据

① 已批准的项目建议书和可行性研究报告书。
② 单项工程一览表。
③ 拟建项目总规模。
④ 拟建项目产品生产方案。
⑤ 设计方案。
⑥ 建设材料预算价格。
⑦ 同类项目投资规模与投资指标等。

四、设计概算审计的内容

（一）审计设计概算的编制条件是否符合有关要求

审计人员首先应了解工程项目拟定的建设规模、生产能力、工艺流程、设备及技术要求情况；其次应了解项目建设地点的水文地质情况、自然环境与社会环境状况；再次应了解项目建设的前期工作进展情况，包括设计任务书、可行性研究报告的审批情况及投资估算额度和计算的费用范围，以便于进行概算控制。在此基础上，审计人员需着重审计工程项目设计概算编制的条件是否具备，是否符合要求。具体的条件要求包括三个方面：

① 工程项目的可行性研究报告和项目建议书是否已获得有关部门的

批准。

② 工程项目是否具有明确的建设地点，是否具备足够的资金来源，是否具备相应的生产能力。

③ 项目建设规模和建设标准是否符合投资估算与投资计划的要求。

(二) 审计设计概算编制的依据是否合法合规

审计人员应重点检查设计单位是否执行了规定的定额或指标，有无错套定额、不套定额的行为发生；审计概算定额与概算指标是否符合建设项目的专业需要，是否符合国家的标准；审计各种取费文件是否符合国家、地方或行业的文件要求，取费基数是否正确；审计初步设计图纸是否适用、经济是否符合生产工艺需要；审计设备与材料的供应方式与材料的市场价格是否真实合理。

(三) 审计设计概算编制方法是否正确

从我国目前的实际情况看，土建工程设计概算编制最常用的方法有三种。

1. 定额法

定额法是指按照定额目录的顺序进行项目划分，将单位工程分解成众多个分部分项工程后，逐一计算各部分的工程量，再套用定额计算直接费用，并在此基础上计算各项费用，形成单位工程概算书。该方法比较适合于土建工程概算的编制，但由于设计概算所使用的初步设计图纸的设计深度不够，工程量计算不可能十分清楚准确。另外，与预算定额相比，概算定额也很粗略。所以，定额法编制概算是介于投资估算与施工图预算之间的一种文件。

2. 指标法

概算指标是一种扩大了的概算定额，其表现形式一般有百万投资指标、单位建筑面积造价指标、单位建筑体积造价指标、单位生产能力造价指标等。使用概算指标编制概算，应注意建筑工程的结构类型、层数与高度的变化、建设地点的变化，以及概算指标适用的时间要求等一系列内容。上述条件任何一个发生变化，都将导致概算指标的调整与换算。

3. 利用类似工程预算资料编制概算

这种方法接近于指标法。如果工程设计对象与已经编制了设计概算或施工图预算的设计项目相类似，只要结构特征基本相同，就可以采用已编好的工程项目的概算指标标准编制设计概算。该方法直观明了，简单实用，特别适合小区工程项目中各工程项目的概算编制。

设备安装工程设计概算的编制方法有两种。一种是按设备原价的百分比进行计算。设备安装费用 = 设备原价 × 安装费率。另一种是按设备的净重以"吨"或按设备的数量以"台"的安装费用指标计算。设备安装工程费 = 设备净重 × 设备安装费用指标。

审计设计概算的编制方法是否正确的主要依据，是国家、地区或各部门在一定时期颁布的设计概算编制要求方面的有关文件。将实际工程设计概算编制的方法与文件规定相对比，符合要求的才是正确的，否则概算编制有误。

（四）审计工程项目的个数是否与设计概算的计算内容相符

重点审计工程项目总概算中是否有夹带项目、遗漏项目或多列项目，工程建设单位在报批设计概算时，有无人为地压低概算做"钓鱼"项目或高估冒算超投资计划。

（五）审计工程项目设计概算的费用内容是否正确

1. 工程项目总建设费用的构成

根据国家建设部最新文件规定，工程项目总建设费用由六部分构成。

（1）建筑工程费

建设工程费是指基本建设项目内所有永久性与临时性建筑物、构筑物的建设费用之和。其中，建筑物是房屋工程的统称，包括平房建筑与楼房建筑；构筑物是指非房屋工程部分，如烟囱、水塔、围墙、挡土墙、贮油罐等。

（2）设备安装工程费用

设备安装工程费用是指需要安装的生产用设备在其安装过程中所发生的费用，包括在设备安装时搭设的临时性平台、支架等设施的费用。在当前的实际工作中，最常见的设备有运输设备、起重设备、医疗设备、试验设备、机械设备、化工设备等。但需要说明的是，在建筑工程施工过程中，使用的机械设备的安装费用不属于这部分费用内容，它们属于建筑工程费。

（3）设备购置费

设备购置费是指一切需要安装与不需要安装的设备的购买费用。

（4）工器具及生产家具购置费

工器具及生产家具购置费是指新建项目第一批购买的未达到固定资产规格的工具、器具和生产家具的费用。

（5）其他工程费用

其他工程费用是指在前四笔费用中未包含但与项目建设有关系的费用。如征地费、青苗补偿费、安置补偿费、研究试验费、生产职工培训费、联合试运转费、勘察设计费等。在我国，不同行业对工程项目其他工程费的规定各有不同，但基本内容和要求还是一致的。在进行工程项目设计概算的编制与实施时，应以部门或地方的文件规定为准。

（6）预备费

预备费又称为不可预见费。工程项目的建设时期一般比较长，在建设期内，由于物价变化等种种因素的影响，会引起总投资额的增减。概算编制时，应对部分费用进行估测，并予以考虑，以保证投资计划的正确合理。

按我国现行规定，预备费包括基本预备费和价差预备费两大主要部分。基本预备费是指由于某些基本因素的变化而引起的基本建设费用变化的预测预留费用。如，在批准的初步设计范围内、技术设计、施工图设计及施工过程中所增加的费用，设计变更、地基局部处理等增加的费用，一般自然灾害造成的损失和预防自然灾害所采取的措施费用，施工验收时为鉴定工程质量对隐蔽工程进行必要的挖掘和修复费用。价差预备费是基本建设项目在建设期间由于价格等变化引起工程造价变化的预测预留费用，包括人工费、设备、材料、施工机械价差，建筑安装工程费及其他费用调整，利率、汇率调整等。

2. 工程项目总费用的确定

① 建筑安装工程费：通过概算定额或概算指标计算确定。

② 设备购置费：设备购置费 = 设备原价 × （1+ 设备运杂费率）。

③ 工器具及生产家具购置费 = 设备购置费 × 费率，或按规定的标准计算。

④ 其他工程费用：按有关文件规定计算。

对于实行概算包干的工程项目，一般在计算完成上述四笔费用之后，还需要另外计算不可预见费，即预备费。预备费一般按照工程项目总费的一定比例计算，具体比例标准执行地方或行业规定。

3. 工程项目总费用的审计

在进行工程项目设计概算审计之初，首先应审计设计概算所确定的工程建设费用是否正确，是否完整，是否合规。具体包括三个方面：

（1）总费用范围与项目内容是否一致

工程项目总费用包括工程项目全部建设费用；工程项目综合概算与单位工程设计概算只包括与本身有关的建设费用，一般不包含其他工程费用项目。在进行工程建设费用审计时，必须严格划分项目，合理确定计算费用，保持项目内容与费用范围的一致性与吻合性，同时，还要避免重复计算。例如：建筑安装工程费包括施工工人的工资补贴，包括建筑材料的运输费、损耗费，以及施工机械的修理费、折旧费等，同时不定期费用包括生产用设备在安装过程中搭设的临时性平台、支架等临时设施的费用；而其他工程费用包括建设单位管理费、联合试运转费等；预备费中包括施工场地杂费、一定限额内的设计变更费等。在编制设计概算文件时，上述有关费用不得重复列项。

（2）费用的计算过程是否正确，计算方法是否得当

工程建设费用的计算过程必须严格按照国家和地方的有关规定进行，且工程建设项目类别不同，所属地区不同，建设时间不同，则其费用计算要求也不相同。审计工程建设费用的计算过程，应以最新文件为依据，着重审计计算基数、取费率等有关资料，检查其合理合规性程度，避免基数扩大、费率高套的行为发生。

（3）设计概算总额度是否符合投资计划要求，工程建设费用是否突破投资估算

通过概算审计，可以进行概算与投资估算的对比分析，如果设计概算超过投资估算10%以上，则审计部门有权要求工程建设单位重新报批概算，并分析概算超估算的原因，对于不合理部分应予以删除。在我国实际工作中，由于种种原因，造成设计概算总额不实，往往表现为概算少列或概算多

列两种极端行为。概算少列或多列大致有以下三种原因：

第一，设计单位在编制概算时，应工程建设单位要求而有意压低或提高工程建设费用。

第二，工程项目主管部门在审批设计概算时，有意减少项目压低工程建设费用或增加工程建设费用。

第三，设计概算审计本身存在错误，客观引起概算额不实。

五、设计概算审计的方法

(一) 对比分析法

对比分析法主要是通过工程项目建设规模、标准与立项批文对比，工程数量与设计图纸对比，综合范围、内容与编制方法、规定对比，各项取费与规定标准对比，材料、人工单价与统一信息对比，引进设备、技术投资与报价要求对比，技术经济指标与同类工程对比等。

(二) 查询核实法

查询核实法是对一些关键设备和设施、重要装置、引进工程图纸不全、难以核算的较大投资进行多方查询核对逐项落实的方法。

(三) 联合会审法

联合审查组一般由业主、审批单位、专家等组成，审前可先采取多种形式分类审查，包括业主预审、工程造价咨询公司评审、邀请同行专家预审等。在会审大会上，先由各有关单位、专家汇报初审、预审意见，然后进行认真分析、讨论，再结合对各专业技术方案的审查意见所产生的投资增减，逐一核实原概算投资增减额。

在审查中发现的问题和偏差，按照单位工程概算、综合概算、总概算的顺序，按设备费、安装费、建筑费和工程建设其他费用分类整理，汇总核增或核减的项目及其投资额。

将具体审核数据，"原编概算""审核结果""增减投资""增减幅度""调整原因"五栏列表，按照原总概算表汇总顺序，将增减项目逐一列出，相应调整所属项目投资合计，再依次汇总审核后的总投资及增减投资额。对于差错较多、问题较大或不能满足要求的，责成编制单位按审查意见修改后，重新报批。

第四节　工程项目招投标审计

一、工程项目招投标的相关概念

(一) 招投标的概念、方式

招投标，是指在市场经济条件下，进行大宗货物的买卖、工程建设项目的发包与承包以及服务项目的采购与提供时，所采取的一种交易方式。招标和投标是一种商品交易行为，是交易过程的两个方面。

招标是指招标人 (买方) 发出招标通知，说明采购的商品名称、规格、数量及其他条件，邀请投标人 (卖方) 在规定的时间、地点按照一定的程序进行投标的行为。

投标是与招标相对应的概念，它是指投标人应招标人的邀请或投标人满足招标人最低资质要求而主动申请，按照招标的要求和条件，在规定的时间内向招标人递价，争取中标的行为。

招投标有公开招投标和邀请招投标两种形式。

公开招投标，又称无限竞争性招标，是指招标人以招标公告的方式邀请不特定的法人或者其他组织投标。公开招标的投标人不得少于3家，否则就失去了竞争意义。

邀请招投标，又称有限竞争性招标，是指招标人以投标邀请书的方式邀请特定的法人或者其他组织投标。邀请招标的投标人不得少于3家。

我国在建筑领域实践中还有一种较为广泛的招标方式，被称为"议标"，是发包人和承包商之间通过一对一谈判而最终达到目的的一种方式。

(二) 必须招标的工程建设项目范围

在我国进行下列工程建设项目，必须进行招标。

① 大型基础设施、公用事业等关系社会公共利益、公众安全的项目。

② 全部或者部分使用国有资金投资或者国家融资的项目。

③ 使用国际组织或者外国政府贷款、援助资金的项目。

(三) 工程项目范围的内容

1. 关系社会公共利益、公众安全的公用事业项目

① 供水、供电、供气、供热等市政工程项目。

② 科技、教育、文化等项目。

③ 体育、旅游等项目。

④ 卫生、社会福利等项目。

⑤ 商品住宅，包括经济适用住房。

⑥ 其他公用事业项目。

2. 使用国有资金投资的项目

① 使用各级财政预算资金的项目。

② 使用纳入财政管理的各种政府性专项建设基金的项目。

③ 使用国有企业事业单位自有资金，并且国有资产投资者实际拥有控制权的项目。

3. 国家融资的项目

① 使用国家发行债券所筹资金的项目。

② 使用国家对外借款或者担保所筹资金的项目。

③ 使用国家政策性贷款的项目。

④ 国家授权投资主体融资的项目。

⑤ 国家特许的融资项目。

4. 使用国际组织或者外国政府资金的项目

① 使用世界银行、亚洲开发银行等国际组织贷款资金的项目。

② 使用外国政府及其机构贷款资金的项目。

③ 使用国际组织或者外国政府援助资金的项目。

(四) 必须招标项目的规模标准

达到下列标准之一的，必须进行招标。

① 施工单项合同估算价在 200 万元人民币以上的。

② 重要设备、材料等货物的采购，单项合同估算价在 100 万元人民币以上的。

③ 勘察、设计、监理等服务的采购，单项合同估算价在 50 万元人民币以上的。

④ 单项合同估算价低于第 1、2、3 项规定的标准，但项目总投资额在 3000 万元人民币以上。

二、工程项目招投标审计的意义

(一) 促进招投标的公开、公正和公平

工程项目招投标审计的首要意义在于确保招投标过程的公开、公正和公平。审计可以确保所有招标和投标活动遵循透明和公平的原则，从而为所有竞标者提供平等的竞争机会。通过审计，可以检查招标文件是否具有明确、一致的要求，确保所有参与者都在相同的基础上竞争。这种监督机制不仅提高了招标过程的质量，还增强了公众对工程项目管理的信任。

(二) 避免不必要的损失

招投标审计对于发现和纠正招标文件中的错误和漏洞至关重要。审计过程有助于及时识别潜在的风险和不一致之处，从而避免可能导致成本增加、延期或项目失败的错误。通过对招标文件和过程的全面审查，审计确保了项目的有效实施，降低了由于规划不当或监管不足而造成的经济损失。此外，审计还有助于确保资金被适当地分配和使用，从而提高了项目的成本效益。

(三) 遏制招投标中的腐败行为

工程项目招投标审计对于打击招投标过程中的腐败行为至关重要。在建设领域中，腐败可能导致不公平的竞争、项目成本的不合理增加，甚至威胁到工程安全和质量。审计通过监督和检查招投标的过程，有助于揭露不当行为，如利益冲突、贿赂或不透明的决策。这样的监督不仅有助于防止不正

当的商业行为，还可以加强规则的执行和遵守，从而提高整个行业的道德和法规标准。通过这种方式，招投标审计成为确保工程项目透明、高效和负责任的关键因素。

三、招投标审计的内容

（一）开展项目招投标的经济责任审计

项目招投标经济责任审计包括：招标方应负的经济责任和法律责任，投标方应负的经济责任和法律责任，招标代理机构应负的经济责任和法律责任，评标委员应负的经济责任和法律责任。审计机关可以采取相应的处理和处罚措施。

（二）开展项目招投标的效益审计

招投标是由供求关系、价格体系、竞争机制等综合因素所决定的交易方式，它具有一般商品交换的基本特征，但也具有不同于一般商品交易的特点，即招投标是一种较为成熟的、高级的、规范化的和综合性的交易方式。招投标的最终目标是追求项目投资综合效益的最大化，追求项目投资多目标条件下的综合效益最大化，不是简单地追求最低价的商品和服务。如此一来，对招投标的审计就需要重视招投标的效益目标，不仅要审计招投标过程的合法性、合规性，也要审计招投标结果的效益性。

（三）开展项目招投标的经济腐败审计

项目招投标的经济腐败审计主要旨在预防在招投标过程中的经济腐败。该审计模式注重查处与预防相结合，以预防为主。采用的是以腐败风险为导向的审计模式，即从那些具有审计价值的疑点线索（即贪污腐败可能性较高的情况）出发，确定审计的重点。在此基础上，安排特种审计查证，并实施以审计机关为主导，纪检监察、检察等其他监督部门全程紧密配合的审计查处模式。同时，适时进行内部控制的分析评价，提出完善内部控制机制的建议。这种方法旨在通过全面的监督和协作，有效预防和查处招投标过程中的经济腐败行为。

四、对招投标应实施全程审计

实施工程项目跟踪审计，就是要对工程项目招投标实行事前、事中、事后的全程同步审计监督，使招投标中的每一个环节，都置于审计部门的监督之下。特别要加强对招投标程序的合法性、合规性，以及招标、开标、评标和定标四个环节的审计。

(一) 事前监督

在进行项目招投标前，审计人员应对招投标准备情况进行详细调查，认真听取招标单位对招标范围、方式和发包方式的解释，审核招标文件与招标通知书的一致性以及标底的编制过程、编制质量，对投标人进行资格审查等。

1. 招标条件的合法性、合规性审计

招标条件的合法性、合规性审计重点包括四个方面。

① 审查项目是否经有关部门批准和列入国家投资计划，是否经过可行性研究。

② 是否具备完整的设计文件和工程概算，投资概算是否准确、有无缺口，设计标准有无超过规定。

③ 审查项目总投资是否落实，项目资金来源是否正当，项目资金是否按投资计划及时拨付到位。

④ 审查工程项目招标前施工场地的征用、拆迁、"三通一平"、现场交通、供水、供电等准备工作的完成情况。

2. 招标方式的合法性审计

如果工程项目必须进行公开招标，招标人应在指定的报刊、电子网络或其他媒体上发布招标公告。招标公告的内容需要进行审查以确保其规范性。公告中应明确载明以下信息：招标人的名称和地址、招标项目的性质、数量、实施地点和时间，以及获取招标文件的方式。同时，还需要要求潜在的投标人提供相关的资质证明文件和业绩情况等信息。此外，招标单位应按规定时限及时登记投标单位递交的投标文件。若采用邀请招标方式，则招标人应向三个以上具备相应能力、资质和良好信誉的特定法人(或其他组织)发出招标邀请书。

3. 招标程序的合规性、有效性审计

招标程序的合规性审计包括：一是审查招标单位编制好的招标文件是否已经批准，是否按规定发布招标公告或发出招标邀请书，其内容是否合规，是否与招标方式的相应规定一致；二是审查招标单位出售、分发的招标文件是否符合规定要求，是否组织投标单位勘察工程现场，解答疑难问题。

招标程序的有效性审计包括：审查项目招标工作人员是否做到谈判、评标、决策分开；是否坚持谈判者不决策、决策者不谈判的分工原则；参与标底的编制和审定人员、评标小组成员及相关当事人要接受统一安排，防止串通弄虚作假；不能事先组建评标小组的，应该在评标前采取随机抽签方法临时组建，防止投标人员贿赂评委操纵评标；对选聘的评委要进行资格审核；评委平时不得对外公开自己的身份。

4. 标底和投标报价的合规性、真实性审计

有标底的优点是能把握各家报价的真实性和准确性，但招标成本增大，也容易泄露标底。而无标底招标更容易形成各投标方价格竞争，但易形成两个极端：要么严重杀价甚至低于成本价，要么串标抬标。因此，我们的做法是要求各投标单位在投标时先伴投标，以计算底稿，便于对异常标进行审查。

5. 对投标单位合规性、真实性审计

对投标单位资格的合规性审计重点是审查投标单位是否具备投标资格，是否达到工程建设所要求的资质等级，是否具有良好的社会信誉，是否拥有雄厚的技术力量和机械设备而且具备优良的施工和安全生产记录，同时查看质量监督部门出具的近几年其承建工程项目的工程评定等级证明，防止企业靠不正当关系取得资质而入围，防止借用高资质企业名义投标现象的发生。

另外，注意进行投标资格的预审。选择施工队伍关键看两方面：施工企业整体实力和拟派项目班子实力。既要对企业社会信誉、履约能力进行考察，也要对此项目部人员的组成进行考察，两者同等重要。

（二）事中监督

事中监督主要是加强招标投标现场程序上的监督，监督其程序上的合理性和合法性。它包括对开标、评标、定标的审计。

1. 开标审计

开标审计重点要对投标人的资质进行符合性审查，对开标程序规范性的审查。审查标书的密封完好性、有效性，标书的填写格式、标书的递交时间。注意招标单位是否邀请所有投标人代表参加，是否当众检查投标文件的密封情况，或由招标人委托的公证机构检查并公证，有无违反规定搞暗箱操作问题。经确认无误后，由工作人员当场拆封，宣读投标人名称、投标价格以及投标文件的其他主要内容。同时，开标过程应当做好记录，并存档备查。如果开标时发现投标文件有破损的情况，或授权委托书不是原件又无投标单位法人签章，应当众宣布为废标。

2. 评标审计

评标由招标人依法组建的评标委员会（或评审小组）对投标文件进行评审和比较，评标委员会由招标人的代表和有关技术、经济等方面的专家共同组成。审计时应首先看评委的来源、人数、组成是否符合要求，与投标人有利害关系的人不得进入相关项目的评标委员会，已经进入的应当更换。其次看评标是否规范，是否遵循了评标规则。根据什么样的标准和方法进行评审是关键问题，也是评标的原则问题。评标的审计，是招投标审计的重中之重，这一过程应根据招标项目的不同类型，重点审计评标内容、评标依据、评标方法和评标过程。审计人员可以通过审查评标记录观看评标现场录像来发现问题，并通过一些硬性参数来判定，而柔性指标很难作为判定标准。

3. 定标审计

定标是招投标双方进行相互选择的最终结果。中标结果是以签订合同来约束双方的行为，合同双方通过严格的履行合约完成标的。定标审计主要是对评审小组按照法律程序和评标条件与标准，了解定标的依据和标准，判定其理由的充足性以及可能存在的舞弊行为，研究确定的中标单位与招标人履行承包合同订立之前的手续办理过程的审查。审查定标程序、方法的合规性：是否切实做到优价中标；定标价格是否既符合市场行情，又符合企业设备采购的效益目标；投标单位是否持中标通知书到招标管理部门办理审查复核及有关手续；中标单位是否在规定时间（一般为30日之内）同招标单位订立书面合同并向招标人提交履约保证金。

(三) 事后监督

1. 合同签订和内容的审计

对中标合同的签订和履行的合法性审计，并逐项对照签订合同、招标通知书与中标通知书的一致性，并注意审核；签订合同的时间、合同的标物与中标通知书规定的一致性；中标合同金额、日期与合同规定的一致性；投标单位的承诺在合同中体现的充分性，如质量保证，工期保证，人员、机械和材料的保证等。重点查处中标单位是否有违法转包或违规分包中标项目的问题，是否存在转包或分包造成工程质量隐患、影响工期的问题。

2. 招投标资金的审计

招投标资金的审计包括对工程项目有关资金的划拨和使用情况进行审计。

一方面，审查项目招标单位收取的标书费用和投标保证金的使用情况，有无将收取的资金私分、不入账或形成"小金库"的行为发生；是否按规定对未中标单位退回招标过程中收取的费用。

另一方面，审查项目法人单位或工程建设单位是否存在将资金拨付未中标的其他参建单位，结算情况和有关往来款项，分析工程项目资金拨付有关参建单位分布情况，通过审查结算资金的分布情况，揭露未中标的参建单位参建的原因，查找是否存在规避招标、回扣和行贿受贿等违法违纪问题。

3. 审计工程招投标结果的最终履行情况

经济利益是各方谋求的最终利益、根本利益，竣工决算是关键的一步。招投标工作的目的是合理控制资金，最终意义是付诸实施，合理的节约控制工程建设资金。招投标过程进行得无论多规范多科学，但如果最终未能在竣工决算中得到实施，对经济方面的控制将变得毫无意义。很多建设工程在竣工决算时重复计算招标范围内的工程，多计算招标文件中排除工程建设单位经济责任的工程，审计人员在进行工程价款审计时要认真研究招投标文件，特别是其中关系工程造价、经济责任的条款。

四、招投标审计的方法

(一) 观察法

观察法是审计取证过程中常用的方法之一，是对工程建设项目的实际场所、实物资产及其内部控制的执行情况等进行实地查看，能够帮助审计人员获得第一手资料和审计证据。虽然观察在搜集审计证据中可以单独采用，但在实际工作中，为保证审计证据"四性"(即充分性、合法性、相关性、客观性)，往往会根据不同取证事项的需要，与检查、监盘、查询、计算、分析性复核等方法有机结合起来，使搜集审计证据过程更具科学性，效果更好。

(二) 询问法

审计询问是指审计人员利用手中已掌握的部分资料、证据及其他线索，对被审计单位当事人、证人及其他相关人员当面进行口头询问，进一步了解和核实有关情况，查清事实，获取新的证据和线索。询问法一般采取面对面、一问一答的形式，它属于"查询法"的范畴，这种审计方法贯穿于审计全过程。采取询问的方式进行调查取证是审计中常用的方法。

(三) 分析性程序

分析性程序是指审计人员通过分析和比较信息(包括财务信息和非财务信息)之间的关系或计算相关的比率，以确定审计重点、获取审计证据和支持审计结论的一种审计方法。

(四) 文字描述法

文字描述法是对工程建设项目的内部控制制度情况以文字说明的形式记录下来，这种方法又被称为文字说明法。内部控制制度的各个控制环节和控制方式均可以用文字说明法详细地加以描述。采用文字说明法时，审计人员仅仅是询问该制度或活动的执行人员"他们做什么，怎么做的"，同时将他们的回答综合在一段叙事性的文字说明里。

　　文字说明法的优点是可以对调查对象做出比较深入和具体的描述，可以描述内部控制制度中的任何特殊情况。

　　其缺点是采用文字说明法进行描述时，文字叙述较为冗长，对业务处理流程及其控制的反映不够直观，特别是对于比较复杂的业务，有时不易说明清楚，从而在一定程度上阻碍了审计人员从总体上对内部控制进行分析评价。因此，文字说明法主要适用于内部控制比较简单、比较容易描述的小企业。

第三章　工程项目实施阶段审计

第一节　工程项目合同管理审计

一、工程项目合同的相关概念

(一) 工程项目合同的概念

工程项目合同，又称建设工程合同，是承包人进行工程建设，发包人支付相应价款的合同。承包人是指在建设工程合同中负责工程项目的勘察、设计、施工任务的一方当事人，发包人是指在建设工程合同中委托承包人进行工程项目的勘察、设计、施工任务的建设单位（业主、项目法人）。

在工程项目合同中，承包人最主要的义务是进行工程建设，即进行工程项目的勘察、设计、施工等工作。承包人最主要的义务是向承包人支付相应的价款。

(二) 工程项目合同的特点

工程项目合同是一种特殊的承揽合同，在《合同法》中作为一种独立的合同类型来规定，其具有承揽合同的一般特征，是诺成合同、双务合同、有偿合同等。

但工程项目合同又与一般承揽合同有明显区别，它主要有三个特征。

1. 建设工程的主体只能是法人

工程合同的标的是建设工程，其具有投资大、建设周期长、质量要求高、技术力量要求全面等特点，作为公民个人是不能够独立完成的。在建设工程合同的主体资格方面，不是所有法人都有资格成为合同当事人。仅有那些经过特定审批的法人才具有此资格。具体来说，合同的发包方必须是获得建设工程批准的法人，而承包方则必须是具备勘察设计和施工任务资格的法人。因此，建设工程合同的当事人不仅需要是法人实体，还必须是符合特定资格的法人。

2. 工程项目合同的标的仅限于建设工程

工程合同的标的只能是建设工程而不能是其他物。这里所说的建设工程主要是指土木工程、建筑工程、线路管道和设备安装工程及装修工程。建设工程对国家、社会有特殊的意义，其工程建设对合同双方当事人有特殊要求，这才使建设工程合同成为与一般承揽合同不同的合同。

3. 工程合同具有国家管理的特殊性

建设工程的标的为建筑物等不动产，其自然与土地密不可分，承包人所完成的工作成果不仅具有不可移动性，而且须长期存在和发挥作用，是关系到国计民生的大事。因此，国家对建设工程不仅要进行建设规划，而且要实行严格的管理和监督。工程项目合同从签订到履行，再到资金投入和项目成果的验收，整个过程均受到国家的严格监管与监督。

（三）工程项目合同的类型

工程项目合同按不同的分类方法，有不同的类型，最常用的分类方法有以下几种。

1. 按照工程建设阶段分类

工程项目的建设，需要经过勘察、设计、施工等若干个过程才能最终完成，而且这个过程具有一定的顺序性，前一个过程是后一个过程的基础和前提，后一个过程是前一个过程的目的和结果，各个阶段不可或缺。这三个阶段的建设任务紧密相连，但仍然具有显著的区别，可以独立设定合同。因此，建设工程合同分为勘察合同、设计合同和施工合同。

（1）工程勘察合同

工程勘察合同是指对工程项目进行实地考察或查勘，其主要内容包括工程测量、水文地质勘察和工程地质勘察等，其任务是为建设项目的选址、工程设计和施工提供科学、可靠的依据。

（2）工程设计合同

工程设计合同是指在正式进行工程的建筑、安装之前，预先确定工程的建设规模、主要设备配置、施工组织设计的合同。

（3）工程施工合同

工程施工合同是指承包人按照发包人的要求，依据勘察、设计的有关资料和要求，进行建设、安装的合同。工程施工合同可分为施工合同和安装合同两种，《合同法》将它们合并称为工程施工合同。实践中，这两种合同还是有区别的，施工合同是指承包人从无到有、进行土木建设的合同；安装合同是指承包人在发包人提供基础设施、相关材料的基础上，进行安装的合同。一般来说，施工合同往往包含安装工程的部分，而安装合同虽然也进行施工，但往往是辅助工作。

以上三种建设工程合同，往往与勘察、设计结合在一起，故又称工程勘察设计合同。

2. 按照承发包方式分类

根据承发包方式的不同，建设工程合同可以分为以下五类。

（1）勘察、设计或施工总承包合同

勘察、设计或施工总承包合同，是指建设单位将全部勘察、设计或施工的任务分别发包给一个勘察、设计单位或一个施工单位作为总承包单位，经发包人同意，总承包单位可以将勘察、设计或施工任务的一部分再发包给其他单位。在这种模式中，发包人与总承包人订立总承包合同，总承包人与分承包人订立分包合同，总承包人与分承包人就工作成果对发包人承担连带责任。这种发承包模式是我国工程建设实践中最常见的形式。

（2）单位工程施工承包合同

单位工程施工承包合同，是指在一些大型、复杂的建设工程中，发包人可以将专业性很强的单位工程发包给不同的承包商，与承包商分别签订土木工程施工合同、电气与机械工程承包合同，这些承包商之间为平行关系。单位工程施工承包合同常见于大型工业建筑安装工程。

（3）工程项目总承包合同

工程项目总承包，是指建设单位将包括工程设计、施工、材料和设备采购等一系列工作全部发包给一家承包单位，由其进行实质性设计、施工和采购工作，最后向建设单位交付具有使用功能的工程项目。按这种模式发包的工程主要为"交钥匙工程"，适用于简单、明确的常规性工程。如商业用房、标准化建筑等。对一些专业性较强的工业建筑，如钢铁、化工、水利等工程由专业的承包商进行项目总承包也是常见的。

（4）工程项目总承包管理合同

工程项目总承包管理，即 CM（Construction Management）承包方式，是指建设单位将项目设计和施工的主要部分发包给专门从事设计和施工组织管理工作的单位，再由后者将其分包给若干设计、施工单位，并对它们进行项目管理。项目总承包管理与项目总承包的不同之处在于：前者不直接进行设计和施工，没有自己的设计和施工力量，而是将承包的设计和施工任务全部分包出去，总承包单位专心致力于工程项目管理；而后者有自己的设计、施工力量，直接进行设计、施工、材料和设备采购等工作。

（5）BOT 承包合同（又称特许权协议书）

BOT 承包模式，是指基础设施投资（build）、建设（operate）和经营（transfer）的一种方式。BOT 承包模式，是指由政府或政府授权的机构授予承包商在一定期限内，以自筹资金建设项目并自费经营和维护，向东道国出售项目产品或服务，收取价款或酬金，期满后将项目全部无偿移交东道国政府的工程承包模式。

3. 按照承包工程计价方式分类

按照承包工程计价方式，建设工程合同可以分为三种。

（1）固定价格合同

固定价格合同的工程价格在实施期间不因价格变化而调整。在工程价格中应考虑价格风险因素并在合同中明确固定价格包括的范围。当合同双方在约定价格固定的基础上，同时约定在图纸不变的情况下，工程量不作调整，则该合同就成为固定总价合同。

（2）可调价格合同

可调价格合同的工程价格在实施期间可随价格变化而调整，调整的范围和方法应在合同中约定。

（3）工程成本加酬金合同

工程成本加酬金合同的工程成本按现行计价，并依据合同约定的办法计算，酬金按工程成本乘以通过竞争确定的费率计算，从而确定工程竣工结算价。

4.与建设工程有关的其他合同

严格地讲,与建设工程有关的其他合同并不属于建设工程合同的范畴。但是这些合同所规定的权利和义务等内容,与建设工程活动密切相关。可以说,建设工程合同从订立到履行的全过程,离开了这些合同是不可能顺利进行的。这些合同主要包括以下三种。

(1)建设工程委托监理合同

建设工程委托监理合同是业主与监理单位之间的一种法律协议,旨在明确双方的权利和义务。此合同确保监理单位对建筑工程的质量、进度、成本等方面进行专业监督,以保证工程符合设计要求和相关规范。监理单位的角色是独立的第三方,他们对工程质量负有监督责任,并代表业主的利益。通过这种合同,业主可以确保工程的顺利进行,同时减少违规和不当操作的风险。

(2)国有土地使用权出让或转让合同、城市房屋拆迁合同

国有土地使用权出让或转让合同、城市房屋拆迁合同规范了土地的使用和转让过程,保证了工程建设的合法性。在进行建设之前,建设单位必须依法获得土地使用权。这通常涉及与土地原有权利人或政府机构的协商,确保土地使用权的合法转移。此外,城市房屋拆迁合同则包括旧房屋的拆除和新建筑的建设,这需要平衡原住户的权益和城市更新的需求。

(3)建设工程保险合同和担保合同

建设工程保险合同是为了化解工程风险,由业主或承包商与保险公司签订的保险合同。建设工程担保合同是为了保证建设工程合同当事人的适当履约,由业主或承包商作为被担保人,与银行或担保公司签订的担保合同。建设工程保险合同和工程担保合同是实施工程建设有效风险管理、增强合同当事人履约意识、保证工程质量和施工安全的需要。FIDIC(国际咨询工程师联合会)和我国《建设工程施工合同(示范文本)》等合同条款中都规定了工程保险和工程担保的内容。

二、工程项目合同管理审计

(一)工程项目合同管理审计的概念

工程项目合同管理审计是指对工程项目建设过程中各专项合同内容、

各项管理工作质量及绩效进行的审查和评价。

(二) 工程项目合同管理审计的方法

工程项目合同管理审计主要采用审阅法、核对法、重点追踪审计法等方法。

审阅法是对工程合同进行仔细观察和阅读，对照资料记录，鉴别其真实性、正确性、合法性、合理性及有效性的一种审计方法。

核对法主要是对工程合同的合法性、完备性和公正性进行审核。如，检查工程合同当事人双方是否按照招标文件及中标人的投标文件的内容签订合同，是否存在实质性内容的变更，合同文件各部分内容是否有前后矛盾的现象，合同条款是否有与现行法律法规相冲突的情况，补偿合同、备忘录是否真实客观等。

重点追踪审计法主要是对工程合同的签订过程和履约过程进行跟踪审计，特别是对工程变更、签证、索赔和争议的处理过程进行跟踪，鉴别其真实性、正确性、合法性、合理性及有效性。

(三) 工程项目合同管理审计的主要内容

工程项目合同管理审计主要包括工程项目合同管理制度的审计和专项合同的审计两项内容。

① 工程项目合同管理审计：工程项目合同管理制度审计、工程项目专项合同审计。

② 工程项目专项合同审计：勘察设计合同的审计、施工合同的审计、委托监理合同的审计、合同变更的审计、合同履行的审计、合同终止的审计。

(四) 工程项目合同管理审计的目标

合同管理审计主要包括以下目标：

第一，审查和评价合同管理环节的内部控制及风险管理：主要是审查工程建设单位内部合同管理水平，合同管理制度的建立和落实情况。同时由于工程项目建设周期长、投资大、不可预见因素多，因此工程项目建设风险性较大。而在工程建设过程中各项目参加者风险责任的承担主要通过合同来约定。

第二，审查和评价合同资料的充分、真实可靠：鉴于工程项目合同涉及面广，合同内容繁多，通过审计，可以考察被审计单位所签订的工程合同组成是否完整，合同条款是否完备，合同权利和义务是否公平等。

第三，审查和评价合同的签订和履行情况：审查工程建设单位工程合同的签订、履行、变更和终止是否真实合法。

(五) 工程项目合同管理审计的依据

工程项目合同管理审计应依据以下主要资料：

① 合同当事人的法人资质资料，包括工程建设单位与工程建设相关的批准文件，承包单位的营业执照、资格证书等。

② 合同管理的内部控制，包括工程项目建设单位合同管理水平，合同管理制度的建立和落实情况。

③ 专项合同书，即工程项目建设过程中涉及的各种工程合同，包括勘察设计合同、施工合同、委托监理合同、项目管理合同、招标代理合同、造价咨询合同、各种合同在履行过程中形成的变更和补充合同等。

④ 专项合同的各项支撑材料，即工程项目合同形成过程涉及的各种资料，包括招标文件、投标文件、中标通知书、会议纪要、备忘录等。

(六) 工程项目合同管理审计的重点

① 审查组织是否设置专门的合同管理机构以及专职或兼职合同管理人员是否具备合同管理资格。

② 审查组织是否建立了适当的合同管理制度。

③ 审查合同管理机构是否建立健全防范重大设计变更、不可抗力、政策变动等的风险管理体系。

④ 审查合同当事人的法人资质、合同内容是否符合相关法律和法规的要求。

⑤ 审查合同双方是否具有资金、技术及管理等方面履行合同的能力。

⑥ 审查合同的内容是否与招标文件的要求相符合。

⑦ 审查合同条款是否全面、合理，有无遗漏关键性内容，有无不合理的限制性条件，法律手续是否完备。

⑧ 审查合同是否明确规定甲、乙双方的权利和义务。

⑨ 审查合同是否存在损害国家、集体或第三者利益等导致合同无效的风险。

⑩ 审查合同是否有过错方承担缔约过失责任的规定。

⑪ 审查合同是否有按优先解释顺序执行合同的规定。

三、工程项目专项合同的审计

工程合同审计是一项技术性很强的综合性工作，它要求审计人员必须熟悉与工程合同相关的法律法规，精通工程合同条款，对工程环境有全面的了解，有合同管理的实际工作经验并有足够的细心和耐心。工程项目专项合同的审计主要包括合同效力的审计与分析和合同的完备性审计两大方面。

(一) 工程项目勘察设计合同的审计

工程项目勘察设计合同审计应检查合同是否明确规定建设项目的名称、规模、投资额、建设地点，其审计主要包括五个方面的内容。

① 审查合同是否明确规定勘察设计的基础资料、设计文件及其提供期限。

② 审查合同是否明确规定勘察设计的工作范围、进度、质量和勘察设计文件份数。

③ 审查勘察设计费的计费依据、收费标准及支付方式是否符合有关规定。

④ 审查合同是否明确规定双方的权利和义务。

⑤ 审查合同是否明确规定协作条款和违约责任条款。

(二) 施工合同的审计

在审计工程项目时，应将施工合同视为重中之重。鉴于合同涉及金额巨大、履行周期长、影响因素众多且履行风险高，因此需要进行更加谨慎的审核。在进行施工合同审计时，应重点审查以下几个方面：

1. 审计施工合同当事人的法人资质

审计施工合同当事人的法人资质时，通常需要关注业主（甲方）和承包商（乙方）的两个方面。

对于业主，应审计的主要内容：一是审查项目立项批文，确定立项文件是否经有关部门的批准；二是审查基本建设计划确定签约合同工程项目是否属基本建设计划内的项目；三是审查编标单位资质证明资料，确定签约合同工程项目中招标投标文件、标底是否由有执业资格的单位编制和审核；四是审查签约的项目合同中工程项目初设概算是否经过有关部门批准。

对于承包商，应审计的主要内容：一是审查承包方是否具有法人资格，是否具备建设主管部门核发的企业资质证书，工商管理、税务主管部门核发的营业执照和税务登记证，开户行出具的资信证明等有效资信证照。对于外地施工队伍，除审查以上文件外，还应审查是否具有省、地（市）建设主管部门签发的异地施工许可证；二是审查承包商施工能力、技术装备情况如何，能否满足本工程项目建设的需要；三是审查承包商近年来财务状况，承包商资金能否满足工程项目建设的要求，是否有拖欠工人工资、拖欠分包工程款的情况等。

2. 审计施工合同内容

① 审查工程项目名称和建设地点是否明确，与批准的计划是否相符。

② 审查工程项目范围和承包内容是否明确，有无工程项目明细表（包括单位工程名称、结构、建筑面积、建设规模、主要设备及计划投资额等）。

③ 审查业主单位和承包商在施工准备中的分工是否明确，准备工作事项是否完备，完成进度日期、当事人职责等是否详尽。

④ 审查合同工期、工程开竣工日期及中间交工工程开竣工日期是否明确，定额工期计算是否正确，是否有提前竣工或延期竣工的条款，提前交工和工程质量优良有无明确奖励，对违约方应负的经济责任是否有明确的规定。

⑤ 审查工程分项造价及总造价是否控制在计划投资之内以及造价与预算的审批情况。

⑥ 审查工程承包方式是否明确，采用固定总价合同的其风险范围是否明确，双方约定的其他调整事项是否明确。

⑦审查施工图及施工图预算，施工图交付的份数、时间，技术交底日期是否明确，施工图预算编制的依据、内容具体要求有无明确规定。

⑧审查各种材料、设备的供应合同签约双方是否分工明确，材料、设备的价格、运输方式和进场日期等有无协议条款，租用或搭建临时设施有无明确规定。

⑨审查工程质量和竣工验收。除国家规定外，对工程质量有无具体要求，有无保修期或保修费的明确规定，交付验收的时间、程序等有关技术资料是否明确。

⑩审查履约与违约的奖罚。奖励或惩罚的费用计算标准是否确定。

此外，还需审查签约双方协作事项，其他需要在合同中明确的责任、权利和义务及未尽事宜的解决办法有无协议条款，有无纠纷仲裁条款。合同的份数、生效日期、失效日期等是否明确。审查采用工程量清单计价的合同，是否符合《建设工程工程量清单计价规范》的有关规定等。

(三) 委托监理合同的审计

委托监理合同的审计，应审查工程监理合同当事人双方即工程项目建设单位与监理单位之间的权利义务划分是否明确、公平、合理。委托监理合同审计主要包括以下六个方面的内容。

①审查监理公司的监理资质与建设项目的建设规模是否相符。

②审查合同是否明确所监理的建设项目的名称、规模、投资额、建设地点。

③审查监理的业务范围和责任是否明确，特别是监理工程师与甲方代表的工作范围和责任的划分是否清晰；审查现场监理人员的配备，包括总监、专业监理工程师和监理员的资格、数量、专业结构是否满足工程项目建设的需求；审查委托监理合同中是否明确监理工程师的权利，包括开工令、停工令、复工令的发布权，工程施工进度的检查权、监督权，工程质量的检查权、监督权和否决权，工程分包人的认可权，工程款支付的审核权和签认权以及工程结算的复核确认权与否决权等，对这些权限合同中是否有特别的限定。

④审查合同中是否明确规定监理方按要求提交监理工作月报和监理业

务范围内的专项报告，其他工程项目资料、时间要求是否明确。

⑤审查监理报酬的计算方法和支付方式是否符合有关规定。

⑥审查合同有无规定对违约责任的追究条款。

(四) 合同变更的审计

由于工程合同履行时间长，不确定影响因素多，因此，合同实施状态很容易与合同订立状态产生偏差，从而导致变更。合同变更包括合同条款的变更、合同主体的变更和工程变更。其中最常见、发生最频繁的是工程变更，即根据合同约定对施工程序、工程数量、质量要求及标准等做出的变更。工程合同变更的审计主要包括四个方面的内容。

①审查工程合同变更的原因，以及是否存在合同变更的相关内部控制，包括发生了哪些变更，变更产生的原因是什么，应该由谁对此承担责任。

②审查合同变更程序执行的有效性及索赔处理的真实性、合理性，包括工程变更是否按照合同约定程序进行，是否有违法违规现象，索赔处理是否合法、合规。

③审查合同变更的原因以及变更对成本、工期及其他合同条款的影响的处理是否合理。

④审查合同变更后的文件处理工作，有无影响合同继续生效的漏洞。

(五) 合同履行的审计

在工程项目合同审计时，审计人员还应对工程合同的履行情况进行跟踪审计，合同履行的审计主要包括以下六个方面。

①审查合同当事人双方是否按照合同约定全面、真实地履行合同义务。

②审查合同履行前是否通过合同交底落实合同责任。

③对合同签订情况评价。审计的内容包括预定的合同战略和策划是否正确，是否已经顺利实现；招标文件分析和合同风险分析的准确程度；该合同环境调查、实施方案、工程预算以及报价方面的问题及经验教训；合同谈判中的问题及经验教训，以后签订同类合同的注意点；各个相关合同之间的协调问题等。

④审查合同执行情况。审查的内容包括合同执行战略是否正确，是否

符合实际，是否达到预想的结果；在本合同执行中出现了哪些特殊情况，应采取什么措施防止、避免或减少损失；合同风险控制的利弊得失；各个相关合同在执行中协调的问题等。

⑤ 对合同偏差进行分析。分析的主要内容包括在合同履行中出现了哪些差异，差异的原因是什么，谁应该对此承担责任，采取了哪些措施，执行效果如何。

⑥ 对合同管理工作评价。这种评价主要针对合同管理本身，如工作职能、程序、工作成果的评价。该评价的主要内容包括合同管理工作对工程项目的总体贡献或影响；合同分析的准确程度；在投标报价和工程实施中，合同管理子系统与其他职能的协调问题，需要改进的地方；合同控制中的程序改进要求；索赔处理和纠纷处理的经验教训等。

(六) 合同终止的审计

① 审查终止合同的报收和验收情况。
② 审查最终合同费用及其支付情况。
③ 审查索赔与反索赔的合规性和合理性。
④ 严格审查合同资料的归档与保管情况，确保合同签订、履行过程分析、跟踪监督以及合同变更、索赔等环节的相关资料搜集和保管全面且完整。

四、在工程项目合同审计中需要注意的问题

由于合同本身具有相应的法律效力，因而审计人员在进行工程项目合同审计时，必须注意对审计方法、审计程序和审计深度的把握。审计人员必须恪守法律规定，确保审计工作的合法性。同时，他们也需要注重审计质量，以确保审计工作的准确性和可靠性。为了能够做到这一点，审计人员应采取跟踪审计的方法，使合同审计工作与合同的签订工作同步进行。当然，这种方法受审计时间和审计力量的限制，并不是所有的项目和所有的合同审计都能如此操作，比如外部审计机构，就不具备对合同进行跟踪审计的条件，因而，跟踪审计应通过内部审计人员来完成。签订合同的过程本身也是一种决策，建设单位与施工单位通过签订合同明确各自的责权利，审计人员

实施跟踪审计，应注意自身角色的转换。跟踪审计的实质是在合同当事人双方签订合同时，审计人员能够以咨询服务的姿态对其签订过程提出建议，最大限度地提升审计价值，保证合同行为目标的实现。外部审计机构利用内部审计结果，在合同签订之后，审计其合法性、合规性，并能在审计报告中予以揭示。审计部门不是仲裁机构，因而，无权宣布合同条款无效，审计人员审计时，只能就合同中发现的问题向有关部门反映，并建议合同当事人双方对此进行调整。这是审计人员在审计时必须把握的一个度，否则就会触犯法律，给自己带来无谓的风险。

无论何时何地，审计人员都需要特别关注合同文件的完整性、清晰度、合法性，以及签订程序的合规性等方面。这些内容是审计的关键，也是确保合同有效执行的重要保障。

第二节　工程项目管理审计

一、工程项目管理

(一) 工程项目管理的概念

工程项目管理是指为了确保工程项目的成功，从项目开始到项目完成，应用系统的观念、理论和方法，对工程项目进行有序、全面、科学且目标明确的管理，以确保项目的费用目标、进度目标和质量目标得到实现。

一个工程项目往往由不同的参与主体 (业主方、设计方、施工方、供货方等) 承担不同的工程建设任务，由于各个参与单位的工作性质、工作任务和最终利益不同，就形成了不同的项目管理者，进而形成了不同类型的项目管理。

参与建设工程项目的各方都围绕着同一个工程对象进行 "项目管理"，所采用的基本管理理论和方法都是相同的，所遵循的程序和原则又是相近的。例如，业主方负责项目的前期策划、设计、采购、实施控制和运营管理；而承包商在获得招标信息后，需进行项目构思、目标确定、可靠性研究、环境调查，以及设计和制订计划。因此，对工程项目管理的认识不要拘泥于某一方参与者，应着眼于整个工程项目，从项目开始到项目结束的全过程，涉及各个方面的"工程项目管理"。

(二) 工程项目管理的特点

工程项目管理的基本特征是面向工程，以实现工程项目目标为目的，运用系统管理的观点、理论和方法，对工程项目实施的全过程进行高效率、全方位的管理。

1. 一次性管理

工程项目是最为典型的项目类型，一般投资巨大，建设周期长，具有一次性和不可逆性。在项目管理过程中一旦出现失误，很难纠正，损失严重，所以项目管理的一次性成功是关键。因此，对工程项目建设中的每个环节都应进行严密管理，认真选择项目经理，配备项目人员和设置项目机构。

2. 综合性管理

工程项目的生命周期是一个有机成长过程。项目各阶段既有明显界限，又相互有机衔接，不可间断，这就决定了项目管理是对项目生命周期全过程的管理，如对项目可行性研究、勘察设计、招标投标、施工等各阶段全过程的管理。在每个阶段中又包含对进度、质量、成本、安全的管理。因此，工程项目管理是全过程的综合性管理。

3. 控制管理

工程项目管理的一次性特征，其明确的目标(成本低、进度快、质量好)、限定的时间和资源消耗、既定的功能要求和质量标准，决定了约束条件的约束强度比其他管理更高。因此，工程项目管理是强约束管理。项目管理的重要特点，在于项目管理者如何在一定时间内，在不超过这些条件的前提下，充分利用这些条件，去完成既定任务，达到预期目标。

(三) 工程项目管理的职能

1. 策划职能

工程项目策划是把建设意图转换成定义明确、系统清晰、目标具体、活动科学、过程有效的，富有战略性和策略性思路的、高智能的系统活动，是工程项目概念阶段的主要工作。策划的结果是其他各阶段活动的总纲。

2. 决策职能

决策是工程项目管理者在工程项目策划的基础上，通过进行调查研究、比较分析、论证评估等活动，得出的结论性意见，并付诸实施的过程。在工程项目的每个阶段和过程中，启动的成功取决于正确决策的制定。未经周密考虑和明确指导思想的决策将导致盲目行动，从而增加了失败的风险。

3. 计划职能

根据决策做出实施安排、设计出控制目标和实现目标的措施的活动就是计划。计划职能决定项目的实施步骤、搭接关系、起止时间、持续时间、中间目标、最终目标及措施。它是目标控制的依据和方向。

4. 组织职能

组织职能是组织者和管理者个人把资源合理利用起来，把各种作业（管理）活动协调起来，使作业（管理）需要和资源应用结合起来的行为，是管理者对计划进行目标控制的一种依托和手段。工程项目管理需要组织机构的成功建立和有效运行，从而起到组织职能的作用。

5. 控制职能

控制职能的作用在于按计划运行，随时搜集信息并与计划进行比较，找出偏差并及时纠正，从而保证计划和其确定的目标的实现。在管理活动中，控制职能被认为是最为关键和活跃的。因此，在工程项目管理学中，目标控制作为一个核心部分受到了特别的重视，包括对控制理论、方法、措施和信息等方面的广泛研究。这些研究在理论和实践方面都取得了显著成就，成为项目管理学的精华所在。

6. 协调职能

协调职能就是在控制的过程中疏通关系，解决矛盾，排除障碍，使控制职能充分发挥作用。所以它是控制的动力和保证。控制是动态的，协调可以使动态控制平衡、有力有效。

7. 指挥职能

指挥是管理的重要职能。计划、组织、控制、协调等都需要强有力的指挥。工程项目管理依靠团队，团队要有负责人（项目经理），负责人就是指挥。他把分散的信息集中起来，变成指挥意图；他用集中的意图统一管理者的步调，指导管理者的行动，集合管理力量，形成合力。所以，指挥职能是管理的动力和灵魂，是其他职能无法代替的。

8. 监督职能

工程项目与管理需要监督职能，以保证法规、制度、标准和宏观调控措施的实施。监督的方式有自我监督、相互监督、领导监督、权力部门监督、业主监督、司法监督、公众监督等。

(四) 工程项目管理的类型

每个工程项目建设都有其特定的建设意图和使用功能要求。中型建设项目往往包括诸多形体独特、功能关联、共同作用的单体工程，形成建筑群体。就单体工程而言，一般都由基础、主体结构、装修和设备系统共同构成一个有机的整体。从不同角度可将工程项目管理分为不同的类型。

1. 按管理主体划分

一项工程的建设，涉及不同的管理主体，如项目业主、项目使用者、科研单位、设计单位、施工单位、生产厂商、监理单位等。从管理主体看，各实施单位在各阶段的任务、目的、内容不同，也就构成了工程项目管理的不同类型，概括起来大致有三种工程项目管理。

(1) 业主方项目管理

业主方项目管理是指由项目业主或委托人对项目建设全过程的监督与管理。按项目法人责任制的规定，新上项目的建议书被批准后，由投资方派代表，组建项目法人筹备组，具体负责项目法人的筹建工作。待项目可行性研究报告批准后，正式成立项目法人，由项目法人对项目的策划、资金筹措、建设实施、生产经营、债务偿还、资产的增值保值，实行全过程负责，并依照国家有关规定对建设项目的建设资金、建设工期、工程质量、生产安全等进行严格管理。项目的投资方可能涵盖政府、企业、城乡个体及外商，可以选择独资或合资的方式参与。项目业主是由投资方派代表组成的，从项目筹建到生产经营并承担投资风险的项目管理班子。业主以工程项目所有者的身份，作为项目管理的主体，居于项目组织最高层。业主对工程项目的管理深度和范围由项目的承发包方式和管理模式决定。

在现代工程项目中，业主项目管理主要包括以下内容：

第一，项目管理模式、工程承发包方式的选择。

第二，选择工程项目的实施者（承包商、设计单位、项目管理单位、供应单位），委托项目任务，并以项目所有者的身份与他们签订合同。

第三，工程项目重大的技术和实施方案的选择和批准。

第四，工程项目设计和计划的批准，以及对设计和计划的重大修改的批准。

第五，在项目实施过程中对重大问题做出的决策。

第六，按照合同规定对项目实施者支付工程款和接受已完工程等。

项目法人可聘任项目总经理或其他高级管理人员，代替项目法人履行项目管理职权，因此，项目法人和项目经理构成了对项目建设活动的项目管理，由项目总经理组织编制项目初步设计文件、组织设计、施工、材料设备采购的招标工作，组织工程建设实施，负责控制工程投资、工期和质量，对项目建设各参与单位的业务进行监督和管理。项目总经理可由项目董事会成员兼任或由董事会聘任。

(2) 监理方项目管理

建设工程监理，是指具有相应资质的工程监理企业，接受建设单位的委托，承担其工程项目管理工作，并代表建设单位对承建单位的建设行为进行监控的专业化服务活动。在这个过程中，监理方代表建设单位，对承建单位的建设行为进行监督和控制。这种监控不仅包括确保工程质量，还涉及确保工程进度、成本控制、安全管理等各个方面。

监理方的项目管理职能主要包括几个方面：一是质量控制，确保工程质量符合设计规范和合同要求；二是进度管理，监督工程按照既定时间表推进；三是成本控制，确保工程成本不超过预算；四是包括合同管理、安全监督等职能。监理方需要具备丰富的专业知识和经验，以便能有效地协调和管理项目中的各个环节，确保工程顺利完成。

(3) 承包方项目管理

不同的承包方式会对项目管理的具体实施产生影响。例如，在总承包模式下，承包方负责整个建设项目的设计、采购、施工等工作，因此需要有一个综合的项目管理团队来处理项目的各个方面。而在分包模式下，承包方可能仅负责项目的一部分，如仅施工或仅设计，这就要求承包方在其承担的部分上具有更加专业的管理能力。根据承包方式不同，项目管理又可以细分为工程总承包方的项目管理、设计方项目管理、施工方项目管理三种。

工程总承包方的项目管理，是指业主在项目决策之后，通过招标程序选定总承包单位，该单位全面负责工程项目的实施，直至工程按照合同文件所规定的使用功能和质量标准完成，最终交付给业主。因此，总承包方的项目管理是贯穿于项目实施全过程的全面管理，既包括设计阶段也包括施工安装阶段。其性质和目的是全面履行工程总承包合同，实现其企业承建工程的经营方针和目标，以取得预期经营效益为动力而进行的工程项目自主管理。显然他必须在合同条件的约束下，依靠自身的技术和管理优势或实力，通过优化设计及施工方案，在规定的时间内，按质按量地全面完成工程项目的承建任务。从交易的角度，项目业主是买方，总承包单位是卖方，因此两者的地位和利益追求是不同的。

设计方项目管理，是指设计单位受业主委托承担工程项目的设计任务，以设计合同所界定的工作目标及其责任义务作为该项工程设计管理的对象、内容和条件，通常简称设计项目管理。设计项目管理是设计单位为履行工程设计合同和实现其经营目标而进行的管理活动。尽管设计单位在地位、作用和利益追求上与项目业主有所不同，它仍然是建设工程设计阶段项目管理的一个重要组成部分。唯有以设计合同为依托，依赖于设计单位的自主项目管理，方能确保业主的建设愿景得以实现，且在设计阶段有效控制投资、质量与进度。

施工方项目管理，是指施工单位通过工程施工投标取得工程施工承包合同，并以施工合同所界定的工程范围，组织项目管理，简称施工项目管理。从完整的意义上说，这种施工项目应该指总承包的完整工程项目，包括其中的土建工程施工和建筑设备工程施工安装，最终成果能形成独立使用功能的建筑产品。从工程项目系统分析的角度来看，分项工程和分部工程也构成了工程项目的子系统。因此，在工程项目按专业或部位进行分解和发包的情况下，承包方可以将合同中界定的局部施工任务作为项目管理的对象。这种做法实质上是施工企业在广义上对项目的管理。

2. 按管理层次划分

按管理层次，可将项目管理分为宏观项目管理和微观项目管理。宏观项目管理是指政府(中央政府和地方政府)作为主体对项目活动进行的管理。

项目宏观管理的手段是行政、法律、经济手段并存，主要包括项目相关产业法规政策的制定，项目相关的财、税、金融法规政策，项目资源要素市场的调控，项目程序及规范的实施，项目过程的监督检查等。

微观项目管理是指项目业主或其他参与主体对项目活动的管理。项目的参与主体，一般主要包括业主，作为项目的发起人、投资人和风险责任人；项目任务的承接主体，指通过承包或其他责任形式承接项目全部或部分任务的主体；项目物资供应主体，指为项目提供各种资源（如资金、材料设备、劳务等）的主体。

微观项目管理是项目参与者为了各自的利益而以某一具体项目为对象进行的管理，其手段主要是各种微观的经济法律机制和项目管理技术。一般意义上，项目管理指的就是微观项目管理。

3. 按管理范围和内涵划分

按工程项目管理范围和内涵不同，分为广义项目管理和狭义项目管理。

广义项目管理包括项目投资意向、项目建议书、可行性研究、建设准备、设计、施工、竣工验收、项目后评估全过程的管理。

狭义工程项目管理指从项目正式立项开始，即从项目可行性研究报告批准后到项目竣工验收、项目后评估全过程的管理。

二、工程项目管理审计

（一）工程项目管理审计的概念和特点

1. 工程项目管理审计的概念

工程项目管理审计，对提高资源的利用效率、提高企业经济效益有重大意义，对社会的可持续发展也具有很现实的意义。通过对工程项目的管理实行全过程、不同层次的审计评价，可以在很大程度上避免重复建设、工程建设投资效益低下、工程建设过程效率不高，能够及时发现、揭露和纠正工程项目建设中存在的问题，堵塞工程项目管理上的漏洞，从源头上防止建设资金的损失、浪费，保证工程建设质量，使有限的经济资源发挥最大的效益。

工程项目管理审计的概念有广义和狭义之分。广义的工程项目管理审计是把现代管理审计的理念融入工程项目管理中，是指以工程项目经营管理行动为审计对象，对工程项目的管理工作从经济性、效益性、效果性上做出独立、客观、公正的评价，为项目的投资者提供服务的审计活动。工程项目管理审计是服务型审计，既包含事前预测性的审计，也包括过程中的跟踪审计和事后竣工审计。审计人员对工程项目管理方案或行动进行全过程、全方位的审计，评价该工程项目的效益和效果。狭义的工程项目管理审计是指对工程建设项目实施过程中的工作进度、施工质量、工程监理和投资控制所进行的审查和评价。本章的工程项目管理审计指的是狭义的工程项目管理审计。

2. 工程项目管理审计的特点

(1) 涉及面广、专业性强、审计难度大

工程项目涉及多个领域，管理的多样性和复杂性对审计人员提出了更高的要求。不仅需要审计人员具备深厚的会计和审计专业知识，还需要他们精通工程技术、工程经济及工程项目管理等相关领域的知识。因此，审计人员需要不断提高自身素质和专业水平，以更好地为客户服务。

(2) 阶段性和连贯性

工程项目的发展过程，从构思、立项、设计、招投标、施工到竣工，是一个不断变化的动态过程。每个阶段都有其特定的工作重点和特征，显示出明显的阶段性。同时，由于工程建设必须遵循基本建设程序，工程项目管理工作因此展现出强烈的连贯性。因此，在对工程项目各阶段进行审计时，不仅需要保持相对独立，还要实现阶段间的相互协调和统一。

(3) 涉及工程项目建设全过程

传统审计主要是事后审计，由于工程项目管理涉及工程项目建设全过程，因此，工程项目管理审计必须采取事前、事中和事后相结合的审计方法，对工程项目建设施工全过程进行跟踪审计。

(二) 工程项目管理审计的主要内容

工程项目管理审计的主要内容包括工程实施过程中工程进度控制审计、工程质量控制审计、工程监理审计和工程投资控制审计等。

工程进度控制审计是对工程项目的计划和实际进度的监控，确保工程项目按时完成。审计人员需要评估项目进度计划的合理性，监控项目进度与预定计划的偏差，并分析可能导致延误的因素。这包括对关键里程碑的到达时间、重要阶段的完成情况以及资源分配的有效性的评估。

工程质量控制审计，主要审计工程项目的质量标准和规范。审计人员需要检查工程建设是否符合预定的质量标准和行业规范，是否采用了适当的建筑材料和技术。此外，还需审查质量控制过程是否得当，是否有有效的缺陷管理和纠正措施，以及质量保证体系的完整性和有效性。

工程监理审计主要审计工程监理单位的作用和效率。审计人员需要评估监理单位是否履行了其职责，如施工现场的监督、进度和质量控制、合同执行情况等。此外，还需检查监理单位的资质、专业能力和独立性，以确保其能够有效地代表业主的利益。

工程投资控制审计是对工程项目资金使用的监督和控制。审计人员需要检查项目的预算编制、资金分配和使用情况，以及成本控制措施的有效性。此外，还要关注项目成本的合理性、是否有超支及超支的原因。此外，还需审查投资决策的合理性和项目的投资回报。

（三）工程项目管理审计的目标

工程项目管理审计的目标主要包括审查和评价建设项目工程管理环节内部控制，风险管理的适当性、合法性和有效性，工程管理资料依据的充分性和可靠性，建设项目工程进度、质量和投资控制的真实性、合法性和有效性等。

1. 审查和评价建设项目工程管理环节的内部控制及风险管理

审查建设项目工程管理水平，管理制度的建立和落实情况；同时由于工程项目建设周期长、投资大、不可预见因素多，因此工程项目建设风险性较大，所以还要审查是否开展风险管理，风险管理是否适当。

2. 审查和评价工程管理资料是否充分、可靠

工程项目管理是一个涉及多个方面的复杂过程，包括规划、执行、监控和控制各种活动，以确保项目成功完成。鉴于其涉及的范围广泛，管理活动多样且复杂，审计成为确保项目管理质量和效率的关键环节。通过审计，可以全面考察被审计单位的工程管理资料。这包括项目计划、进度安排、成本预算、风险评估以及其他相关文档。审计员将评估这些资料的完整性，确

保所有必要的信息都已被记录和更新。同时，也会检查内容的完备性和真实性，确保项目数据的准确无误，无遗漏或虚假信息。

3. 审查建设项目工程进度、质量和投资控制的真实性、合法性和有效性

在当今快速发展的建设行业中，审查工程项目的进度、质量和投资控制的真实性与合法性变得至关重要。一方面，对工程进度的审查可以通过跟踪项目的里程碑完成情况来实现。这包括但不限于施工日志的审核、现场检查，以及与项目管理团队的定期沟通。通过这些方法，可以有效监控工程是否按时推进，及时发现并解决可能导致延期的问题。另一方面，工程质量的审查是保证建设成果符合预期标准的关键。这通常涉及对施工材料、工艺和成品的检查。通过聘请独立的第三方质量检测机构，可以客观地评估工程质量，确保所有施工环节符合国家标准和行业规范。同时，这也有助于提升工程的整体可靠性和耐久性。

4. 工程项目管理审计的依据

① 施工图纸。

② 与工程相关的专项合同。

③ 网络图。

④ 业主指令。

⑤ 设计变更通知单。

⑥ 相关会议纪要等。

三、施工过程三控制审计

三控制审计是指对工程建设项目实施过程中的工程进度、工程质量和工程投资控制所进行的审计和评价。三控制审计的主要目的是审计工程建设项目工程进度、工程质量和工程投资控制的真实性、合法性和有效性。

(一) 工程进度控制的审计

工程进度控制审计的目的是确保工程项目按预定的时间完成。工程建设单位应通过有效的进度控制工作和措施，在满足投资和质量要求的前提下，保障工程按计划时间完成。

工程进度控制审计的主要内容有六个方面。

① 审查工程进度控制体系。工程建设单位在建立工程项目管理机构时，为了完成工程项目进度控制的目标，必须建立职权一致、分工明确的工程进度控制体系，以明确进度控制的任务和职责。

对工程进度控制体系的审计，就是要审查工程建设单位制定的工程进度控制体系能否满足项目进度控制的总体要求，建设工程项目的实际条件和施工现场的实际情况是否适合以及工程建设单位的人力安排是否得当。对工程进度控制体系中存在的问题，审计组应及时要求工程建设单位进行改进和完善，促使工程进度控制体系能够真正发挥其控制工程进度的作用。

② 审查施工单位的施工许可证、建设及临时占用许可证的办理是否及时，是否影响工程按时开工。

③ 审查工程建设单位审批的施工单位进度计划。工程建设单位的进度控制只有通过施工单位的进度保证体系才能得以实现，因此，工程建设单位应当在项目实施之前，对施工单位提交的项目进度计划和进度保证措施（施工组织设计的相关内容）进行审查。只有监理工程师认为施工单位提交的项目进度计划和进度保证措施可以实现项目的进度目标时，才能进行签字批准。审计人员对工程进度计划进行审计时，一要审查工程进度计划（网络计划）的制订、批准和执行情况，网络动态管理的批准是否及时、适当，网络计划是否能保证工程总进度，工程的开竣工时间是否与施工合同约定相一致；二要审视建筑拆除现场、场地整治、文物保护、邻近建筑物保护、降水措施以及道路疏通是否影响工程正常启动；三要审查工程单位劳动力、材料、构配件、机械设备的供应计划是否能够保证工程进度计划的实际需要，供应数量是否均衡；四要审查不同专业工种的进度计划是否协调一致，与工程建设单位的资金计划、场地条件、供应材料的能力是否衔接等。发现存在上述问题时，应及时通过建设单位督促施工单位加以解决。

④ 审查是否建立了进度拖延的原因分析和处理程序，对进度拖延的责任划分是否明确、合理（是否符合合同约定），处理措施是否适当。

⑤ 审查有无因不当管理造成的返工、窝工情况。

⑥ 审查对索赔的确认是否依据网络图排除了对非关键线路延迟时间的索赔。

(二) 工程质量控制审计

工程质量控制就是为了保证工程质量满足工程合同、规范标准所采取的一系列措施、方法和手段。工程质量控制审计，就是在工程项目建设过程中有效地控制工程质量，使工程质量满足设计和质量目标的要求。工程质量控制审计的主要内容包括以下八个方面。

① 审查是否建立了工程项目的质量控制体系。审计工程项目质量控制体系是保证工程质量的基础。审计人员应对工程质量管理机构的设置、人员配备、职责分工情况以及工程质量控制制度 (如现场会议制度、现场质量检查制度、质量统计报表制度、质量事故报告及质量处理制度等) 的建立情况进行审计，发现人员配备不符合要求、职责不落实、制度不完善等问题，应及时建议工程建设单位予以改进、完善。

② 审查是否组织设计交底和图纸会审工作，对会审所提出的问题是否严格进行落实。

③ 审查对进场建筑材料、构配件、半成品、设备以及施工机械的质量控制情况。用于工程的建筑材料、构配件、半成品、设备以及施工机械必须满足设计和施工的要求。应根据质量控制要求对材料质量和机械性能进行检查，以确保材料质量或机械性能满足工程质量的要求。具体应该从以下几个方面进行审计：一是审查施工单位是否已经提交了与上述材料或机械设备相关的质量保证证明 (规格、型号、合格证等)；二是审查其是否按质量控制制度规定的要求，对进场材料进行抽样复试；三是审查其是否具备检测仪器、检测手段和专业人员，是否对新材料、新产品的技术性及可靠性进行专门的考察与测定；四是审查其对不合格品的控制是否有效，对不合格工程和工程质量事故的原因是否进行分析，责任划分是否明确、适当，是否进行返工或加固修补。审计人员应将审计情况及时通报工程建设单位，对存在问题提出审计意见或建议。

④ 对施工过程中质量控制的审计。工程项目一般可以划分为若干个紧密联系的施工过程，各个施工过程的质量，都会影响项目的整体质量。施工过程是工程质量控制的重要环节，审计组必须加强对施工过程中的质量控制的动态审计。

一是应及时对按施工进程报送的工程质量控制文件、报表进行审核；二是应对施工现场进行有针对性的巡视检查，及时发现并纠正监理在工程质量控制中的"缺位"现象；三是对关键部位和关键工序的施工过程要进行现场审计，尤其要对隐蔽工程进行重点检查，并做好审计记录。

⑤ 对分部分项工程验收程序的审计。分部分项工程结束后，施工单位应按规定程序进行自检、自查，并报监理单位验收。应审查评定的优良品、合格品是否符合施工验收规范，有无不实情况。对验收不合格的分部分项工程，应及时向施工单位提出整改意见。

⑥ 审查工程资料是否与工程同步，资料的管理是否规范。

⑦ 审查中标人的往来账目或通过核实现场施工人员的身份，分析、判断中标人是否存在转包、分包及再分包的行为。

⑧ 审查工程监理执行情况是否受项目法人委托对施工承包合同的执行、工程质量、进度费用等方面进行监督与管理，是否按照有关法律法规、规章、技术规范设计文件的要求进行工程监理。

(三) 工程投资控制审计

1. 审计工程投资控制体系

在工程投资控制审计中，首要任务是审计工程投资控制体系是否健全。这包括对设计变更管理、工程计量、资金计划及支付、索赔管理及合同管理等程序的全面检查。此外，必须验证这些程序的实施效果，以及它们是否真正有效地促进了成本控制和进度管理。审计人员还需要评估工程项目的投资目标控制值是否与实际需求相符，并在项目建设过程中定期比较实际投资与控制目标，以发现和分析任何偏差，并督促建设单位采取措施，确保达成投资控制目标。

2. 审计工程结算

我国现行工程价款的结算，依据不同情况可采取多种结算方式，主要有按月结算、分段结算、竣工后一次结算和施工合同约定的其他结算方式。工程结算按照支付方式的不同，主要表现为工程预付款、工程进度款、工程保修金、竣工结算等多种形式。对工程结算的审计，一方面要审查支付预付备料款、进度款是否符合施工合同的规定，金额是否准确，手续是否齐全；

另一方面要审查工程结算是否依据经审计审定的工程计量及合同单价。同时，还应对工程款支付比例是否与合同付款条款相一致进行审计，是否有多付、少付工程款情况。

3. 审计工程变更对投资的影响

工程变更包括设计变更、进度计划变更、施工条件变更，以及原招标文件和合同工程量清单中未包括的"新增工程"等。工程变更产生的原因可能在业主，也可能是承包商。无论哪一方提出工程变更，均需由监理工程师确认并签发工程变更指令。审计人员应当对变更工程的真实性、合理性、其价款的确认过程及投资金额的变更情况进行审计监督。

4. 审查现场签证和隐蔽工程管理制度的建立及其执行效果

现场签证制度是确保工程项目中现场变更得到正式确认和记录的关键环节，它对控制工程成本和进度具有重要意义。审计人员需要检查这一制度是否已在项目中建立，并且是否有效运行，包括变更指令的签发、记录的保持以及变更的正式批准过程。

隐蔽工程管理包括一旦完成便无法再进行检查的工程部分。有效的隐蔽工程管理制度对于确保工程质量至关重要。审计工作中应评估这些工程部分在被隐蔽前是否经过了适当的检查和批准，以及相关记录和证明文件是否齐全。此外，审计还应关注这些程序的执行是否严格，是否有利于发现和纠正潜在的质量问题。

四、工程监理审计

(一) 工程监理的相关概念

1. 工程监理的概念

工程监理，是指具有相应资质的工程监理企业，接受建设单位的委托和授权，承担项目管理工作，并代表建设单位对承建单位的建设行为进行监督管理的专业化管理服务活动。

工程监理与建设行政主管部门和总承包单位对分包单位的监督管理不同，它是指由具备相应资质的工程监理企业对承建单位进行的监督管理。工程监理企业并不是建设单位的代理人，建设单位拥有工程建设中重大问题的决策权，工程监理企业可以向建设单位提出适当建议，但不能越俎代庖。同时，工程监理企业亦不是承建单位的保证人，工程监理企业主要通过规划、控制、协调等方法监督管理承建单位的建设行为，最大限度地避免和制止其不当建设行为，但并不保证项目计划目标一定要实现。

工程建设单位与其委托的工程监理企业应当订立书面建设工程委托监理合同，明确对工程监理企业的委托和授权。工程监理企业还应依据工程建设文件（也称项目审批文件）、国家现行的有关法律法规、部门规章和标准规范及有关的建设工程合同等开展监理业务，最终目的是协助建设单位力求在计划的目标内将建设工程建成并投入使用。

2. 工程监理的性质

（1）服务性

工程监理是业主方的项目管理，因而工程监理企业只为建设单位服务。监理人员运用自己的专业知识、技能和经验，借助必要的试验、检测手段，为建设单位提供管理服务和技术服务。

（2）科学性

科学性是由建设工程监理的服务性质决定的。科学性要求监理工程师掌握工程监理科学的思想、组织、方法和手段，这样才能更好地完成工程监理工作。此外，工程监理企业也应该建立健全相关的管理制度，并运用现代化的管理手段，增强组织管理能力，从而提高工程监理的质量和效率。

（3）独立性

在委托监理的工程中，工程监理企业与承建单位不得有隶属关系和其他利害关系。应及时成立项目监理机构，按照自己的工作计划、流程、方法，行使自己的判断权，独立地开展监理工作。

（4）公正性

公正性是监理行业能够长期生存和发展的基本职业道德准则，工程监理企业应该公正、独立、自主地开展监理工作。尤其是当建设单位和承建单位发生利益冲突或者矛盾时，工程监理企业应实事求是，以法律法规、标准规范和有关合同为准绳，在维护建设单位的合法权益时，不损害承建单位的合法权益。

3. 工程监理的范围

工程监理可以适用于工程建设的投资决策阶段和实施阶段（即建设全过程监理），但鉴于经验的欠缺、监理人员的素质等多种原因，目前主要是开展施工阶段的监理。

4. 工程监理的工作任务

工程监理的工作任务包括建设工程质量控制、建设工程投资控制、建设工程进度控制、建设工程安全生产管理、建设工程合同管理、建设工程信息管理、建设工程组织协调。

（二）工程监理审计

由于工程监理业务的审计受业主委托进行，因此审计的范围直接受到监理合同的制约。我们的审计重点在于监理单位履行监理职责的情况，具体审计内容将根据监理合同的内容而定。鉴于在目前建设市场中，作为建设市场主体"第三方"的工程监理单位的监理活动主要体现在工程建设的施工阶段。因此，本书中关于工程监理审计的内容，也主要限于施工阶段。

① 审计工程监理单位是否取得工程监理企业资质证书。

② 审计工程监理单位是否参与设计交底。重点检查设计交底纪要是否符合工程建设质量标准或合同约定的质量要求。对设计交底纪要中存在的问题，应通过建设单位向监理单位提出书面意见和建议。

③ 审计工程监理单位是否审核施工组织设计。对于监理单位而言，需要对施工总平面图的合理性、施工方法的可行性、质量保证措施的针对性进行审核，并对工程进度，以及为了满足合同进度要求的人力、材料、设备的配备情况进行审核。此外，还需要对施工单位项目部的内控制度进行审核，以确保施工过程的顺利进行。审计中，发现监理职责不到位，未对上述内容进行仔细审核便签字同意批准施工组织设计的，应督促监理单位及时整改。

④ 审计工程监理单位是否验收施工定线情况。应检查工程监理单位是否在合同规定的时间内或在施工单位施工定线进行之前的合理时间内，向承包人书面提供了原始基准点、基准线、基准高程的方位和数据，监理单位是否对承包人的施工定线进行了检查验收。

⑤ 审计工程监理单位签发的"开工令"。施工单位认为达到开工条件时

应向监理单位申报"工程动工报审表"及其相关文件，监理工程师审核后认为具备开工条件时，应在"工程动工报审表"上签署审查意见，并由总监理工程师签署审批结论，准予动工。根据监理合同及监理规范要求，审计人员应对工程监理单位签发"开工令"的程序进行审查，以确认项目是否"真正"具备了开工条件。对可能存在的"缺项"，应及时要求监理单位督促施工单位做出整改。

⑥审计工程监理单位是否对工程投资情况进行控制。重点检查工程监理单位编制的资金使用计划，审批的工程结算、签署的工程变更情况。

⑦审计工程监理单位是否对工程进度进行控制。应对工程监理单位的工程进度控制过程进行审计。

⑧审计工程监理单位是否对工程质量进行控制。重点审查工程监理单位是否建立了项目的质量控制体系，对施工过程的质量是否进行动态控制。

⑨审计工程监理单位是否按工程监理合同内容履行监理职责。

第三节　工程项目环境审计

一、工程项目环境审计的概念和意义

(一) 环境审计的概念

随着人类社会的进步和发展，我们取得了巨大的物质和文化成就。城市化、工业化、科技进步等带来了生活质量的提升和经济的快速增长。但是，这一切进步的背后，也伴随着环境破坏和生态失衡的日益加剧，这已成为威胁人类可持续发展的严重问题。环境问题的复杂性在于它不仅关系到当前的经济发展，还直接影响到未来世代的生存环境。随着环境问题的严重性被越来越多的人所认识，国际社会开始把环境问题、人口问题和资源问题并列为全球性的三大难题。解决这些问题，不仅仅是政府的责任，还需要企业和公众的积极参与。在这样的背景下，环境审计应运而生，并逐渐在全球范围内得到重视。

所谓的环境审计是指审计机关、内部审计机构和注册会计师，对政府和企事业单位的环境管理系统，以及经济活动对环境的影响进行监督、评价或鉴证，使之达到管理有效、控制得当，并符合可持续发展要求的审计活动。

有些学者认为，环境审计既是环境管理系统的组成部分，又具有监控和评价环境管理系统的职能；类似于内部审计本身，既是内部控制的组成部分，反过来它又具有评价内部控制的职能。

(二) 工程项目环境审计的概念

工程项目环境审计是环境管理和可持续发展领域的一个重要组成部分。它不仅是一种管理工具，也是确保工程项目符合环境法规、政策和可持续性原则的一种方法。具体来说，它涉及对工程项目在设计、建造、运行和维护各阶段中对环境可能产生的影响进行全面的评估、监督和审查。这种审计活动旨在识别和减少对环境的负面影响，确保项目的环境表现符合相关的法律、规章和标准。工程项目环境审计的主要内容包括：

① 环境影响评价：评价项目在各个阶段可能对环境产生的影响，包括但不限于空气、水、土壤污染，生态系统破坏，以及噪声和光污染等。

② 法规遵从性：确保项目遵守所有相关的环境法律、规章和政策。

③ 环境风险管理：识别并管理与项目相关的环境风险，包括潜在的污染事故和自然灾害等。

④ 资源效率：评估项目在使用资源 (如水、能源、原材料) 方面的效率，并寻求改进措施。

⑤ 废物管理：确保项目在废物处理和回收方面遵循最佳实践。

⑥ 持续改进：通过监测和审计结果来指导项目在环境管理方面的持续改进。

(三) 工程项目环境审计的意义

工程项目环境审计作为工程管理领域的重要组成部分，其意义和作用在当代社会环境保护和可持续发展的背景下显得尤为重要。以下是对工程项目环境审计意义的深入分析和扩展：

1. 确保环境保护法规的有效实施

环境审计作为一种监督手段，有助于确保工程项目在设计、施工及运营过程中严格遵守环境保护法律法规。不仅有助于避免工程活动导致的环境污染和生态破坏，更能提高公众对环保法规的认知和遵从。

2. 控制和规避环境风险

工程项目在实施过程中可能会引发各种环境风险，如土壤侵蚀、水体污染、空气污染等。环境审计可以有效识别这些风险，评估其可能产生的环境影响，并提出相应的预防和控制措施，从而降低环境风险。

3. 拓宽审计领域和完善审计职能

环境审计的实施不仅丰富了传统的财务和合规审计的内容，也为审计工作带来了新的挑战和机遇。它要求审计人员具备更广泛的知识和技能，如环境科学、生态学和可持续发展等。

4. 促进经济的可持续发展

在当前的全球环境下，经济的可持续发展已经成为一个不可回避的重大议题。环境审计作为一种有效的管理工具，其重要性日益凸显。这种审计不仅仅关注财务报告的准确性，更重要的是评估企业活动对环境的影响，以及企业对环境保护的承诺和执行情况。环境审计能够促使工程项目在追求经济效益的同时，更加充分地考虑环境保护的需要，从而实现经济、社会和环境的协调发展，这是真正意义上的可持续发展。

5. 响应社会的客观需求

随着全球环境问题的日益严重，公众对于环境保护的关注度持续上升。工程项目环境审计实际上是企业对社会责任的一种积极承担。在全球化和市场经济的大背景下，企业不再仅仅是经济利益的追求者，它们的角色正在转变为社会责任的承担者。通过环境审计，企业能够更全面地理解和评价自身活动对环境的影响，从而在促进经济发展的同时，也保护着我们共同的地球家园。这种平衡在当下的社会发展中显得尤为重要，它体现了一种对未来可持续发展的深刻思考和负责。

6. 节约资源和高效利用

环境审计有助于识别工程项目中的资源浪费问题，推动企业采取节能减排措施，促进资源的节约和高效利用，这对于资源紧张的国家尤为重要。

在实施环境审计时，专家团队会深入分析项目的各个方面，识别出能源使用的不合理之处，提出相应的改进措施。这些措施可能包括改进生产流程、优化设备配置、提升原材料使用效率等。通过这些细致入微的改进，不仅能够减少资源浪费，还能够促进资源的高效利用，降低生产成本，提高企业的经济效益。

此外，环境审计在推动节能减排方面发挥着重要作用。企业在经过审计后，往往会更加注重环境保护，积极寻求减少废物排放和污染物排放的方法。这不仅有助于企业遵守相关的环境法规，避免因环境问题而遭受的法律风险和经济损失，还有助于塑造企业的环保形象，提高社会责任感，赢得消费者和投资者的信任。

7. 加速产业结构的优化调整

环境审计在现代工业发展中扮演着极其重要的角色，尤其是在推动产业结构优化和调整方面。通过对工程项目的细致审计，可以揭露出在环境保护方面存在的问题和不足。这一过程不仅有助于企业认识到自身在生产过程中对环境的潜在影响，而且还促使企业采取措施改进生产工艺，减少对环境的负担。在这一点上，环境审计成为引导企业向更加环保、可持续的生产方式转型的关键因素。

当环境审计揭示出某个工程项目在环境保护方面的不足时，企业通常会采取措施进行改进。这些改进措施可能包括技术创新、工艺优化、废物回收利用等。这样不仅有助于减少对环境的污染和避免资源浪费，还能提高生产效率和产品质量。例如，通过采用更高效的能源利用技术和更环保的生产方法，企业在减少能源消耗和减少废物排放的同时，还能提高自身的市场竞争力。

8. 提高企业的竞争力和形象

在现今全球化的商业环境中，企业的竞争力和形象取决于多个方面，其中环保措施和符合环保要求的经营方式是核心部分。环保已经超越了基本的道德和合规问题，它已成为企业在全球市场上建立竞争力和增强品牌形象的重要环节。特别是当今的消费者和投资者都越来越关注企业的环保责任，良好的环境审计记录可以明显提升企业的市场竞争力，由此可以帮助企业在激烈的市场竞争中脱颖而出，赢得更大的市场份额。同时，良好的环境审计记录还能加强企业的社会形象和品牌价值，在消费者和投资者心中树立起正面的形象。

9. 促进国际合作与交流

随着全球化的深入发展，环保问题已逐渐成为国际社会关注的焦点。正如工程项目的环境审计可以帮助企业符合国际环保标准一样，企业还可以通过这一过程与其他国家和地区的企业进行合作与交流，共享最佳实践，并进一步提升其在全球舞台的影响力。把环保标准和最佳实践作为商业决策的一部分，不能只在单一的国家和地区进行，而是要在全球范围内进行。这样做可以帮助企业在全球范围内建立更加可持续和环保的商业模式，同时也能够增强各国企业之间的交流与合作，为企业在全球市场上竞争提供更多的可能性。

二、工程项目环境审计的重点

① 审计与工程项目有关的环境保护的内部控制制度是否建立健全。从企业内部来看，审计工作需要关注企业是否已经建立了健全的环境保护内部控制制度。这样的制度通常包括对环境保护的基本原则、具体操作程序、职责分配、监督管理机制等方面的明确规定。有效的环境保护内部控制制度，不仅可以帮助企业有效识别和管理与环境相关的风险，还能促进企业在环保方面的法规遵守，以及对环境保护措施的持续改进。

② 审计从事环境影响评价工作的咨询机构有无国务院环境保护行政主管部门颁发的资格证书。这些证书不仅是咨询机构专业能力和服务质量的保证，也是其合法性的标志。在环境影响评价中，专业和合法的咨询机构能够提供准确的数据分析、合理的环境保护建议，以及符合国家环保标准的解决方案，从而确保企业项目的环境影响评价的科学性和有效性。通过这样的审计工作，企业不仅能够确保其项目符合国家环保法规和标准，而且能够在项目设计和实施过程中更好地考虑到环境保护的需求，减少对环境的负面影响。

③ 审计环境保护设施是否与主体工程同时进行了竣工验收。建设项目竣工后，建设单位应当向审批该建设项目环境影响报告书的环保行政主管部门提出对该建设项目配套建设的环境保护设施进行竣工验收的申请。环保设

施的竣工验收应当与主体工程的竣工验收同时进行。若发现环境设施未完成建设，或虽已建成但未经验收或验收不合格，主体工程便匆匆投入生产或使用，审计团队将建议环保行政主管部门责令其立即停止生产或使用，并予以一定数额罚款。

④ 在项目主体工程完工后需要进行试生产的，应审计其配套建设的环境保护设施是否与主体工程同时投入使用。对环境保护设施未与主体工程同时投入进行试生产的，应建议环保行政主管部门责令其停止试生产，对造成影响的应提出给予经济处罚的建议。

⑤ 审计环境专项资金的筹集、使用和管理中的真实性、合规性和效益性。通过审查相关的财务记录、合同、项目报告和会议记录来验证资金筹集的途径和金额的真实性。同时，对资金的使用进行详细的审计，确保资金用于既定的环保项目，没有被挪用或浪费。管理方面，需要特别关注资金的分配效率和监管机制，评估是否存在管理缺陷或不当行为。

⑥ 将项目环保设施实际发挥的作用与预期效果进行对比，检查经处理后的污染物排放是否达标。这一步骤是评估环保项目成功与否的关键。通过实地考察、技术分析和专家访谈，企业可以收集关于设施运行效率、技术创新和污水处理能力的数据。此外，企业还应该评估项目在运营过程中是否存在潜在的环境风险，以及这些风险是否得到了有效控制。

⑦ 对项目建成后对环境造成的实际影响进行评价并得出结论。

第四章　建设工程项目管理概论

第一节　项目与项目管理

一、项目

(一) 项目的概念

项目是一种特定的工作或活动，通常具有独特性、时限性、目标导向性和复杂性的特点。它是为了达成特定目标而在一定时间内使用有限资源所进行的一系列相关任务和活动的集合。不同于日常的持续性运营活动，项目具有明确的起始和结束时间，目的在于创造独特的产品、服务或成果。

(二) 项目的特征

1. 目标的明确性

任何项目都具有特定的目标，项目的目标一般分为成果性目标和约束性目标。成果性目标是指项目的最终目标。在项目的实施过程中成果性目标被分解为项目的功能性要求，如一座住宅楼的可靠性 (安全性、使用性及耐久性)、经济性、美观性，以及与环境的协调性等。约束性目标是指实现成果性目标的限制条件，在项目的实施过程中必须遵循的条件，如进度、成本、质量等。

2. 一次性

项目的一次性指的是任何项目作为一个整体来说都是独一无二的，不会重复，具有明确的限定性。这是区分项目的一个关键特征。根据项目的定义，每个项目都有一个明确的开始和结束点。项目的成功取决于其设定目标的实现；如果目标不再需要或未能达成，则项目失败。无论成功与否，项目一旦达到终点，即表明任务已完成，应当宣告结束，不应重新启动。因此，项目管理者在项目的实施过程中必须进行精心规划、审慎执行并严格控制，以确保项目一次性成功。

3. 系统性

任何一个项目都经历前期策划、设计、计划、实施和运行等阶段，这些阶段共同构成项目的系统。一个项目系统在一定程度上是由人员、技术、资源、时间、空间和信息等多种要素组成的，它们共同为实现某个特定目标而形成了一个有机整体。在项目运作过程中，这些构成要素相互制约和影响。因此，在管理过程中，项目管理者应将项目视为一个整体，组织和管理整个系统，而非仅关注局部。

4. 独特性

独特性又称唯一性，每个项目的内涵是唯一的。任何一个项目之所以能称之为项目，是因其具有独特的成分。没有两个项目是完全相同的，即使它们的任务目标相同，但它们的地点、时间、内部和外部环境、自然和社会条件、存在的风险等都有所差别。项目的这一特性意味着项目具有创新性，项目管理者必须具有一定的创新和创业能力，把一个项目的管理看作一项实现创新的事业，视为一种极富创造性和挑战性的工作任务。

5. 约束性

凡是项目，都有一定的约束条件，项目只有满足约束条件才能获得成功。因此，约束条件是项目目标完成的前提。在一般情况下，项目的约束条件为限定的质量、限定的时间和限定的投资，通常称之为项目的三大目标。对一个项目而言，这些目标应是具体的、可检查的，实现目标的措施也应是明确的、可操作的。因此，合理、科学地确定项目的约束条件，对保证项目的完成十分重要。

6. 生命周期

项目的单件性和项目过程的一次性决定了每个项目都具有生命周期。任何项目都有其产生时间、发展时间和结束时间，在不同阶段都有特定的任务、程序和工作内容。掌握了解项目的生命周期，就可以有效地对项目实施科学的管理和控制。成功的项目管理是对项目全过程的管理和控制，是对整个项目生命周期的管理。

二、项目管理

(一) 项目管理的概念

"项目管理"指的是对各类工程项目的管理活动。这一概念虽然简单，但其内涵却极为丰富。从"项目管理"这一术语本身来看，它具有双重含义：一是作为动词，项目管理是指一种特定的管理活动，即人们根据项目的特性和规律，有意识地进行的组织和管理活动；二是作为名词，项目管理同时指一门管理科学，这是一种以探索项目活动中的科学管理理论和方法为研究对象的知识体系。因此，对"项目管理"一词就有了两种不同思路的定义。第一种，项目管理是在一定的约束条件下，以最优的实现项目目标为目的，按照其内在的逻辑规律对工程项目进行有效的计划、组织、协调、控制的系统管理活动。第二种，项目管理是指为了限期实现一次性特定目标，对有限资源进行计划、组织、指导、控制的系统管理方法。前者定义为一种活动，后者定义为一种方法，但两者本质是一致的。总而言之，项目管理是项目组织者在特定的环境和约束条件下，运用系统的理论和方法，对项目与资源进行计划组织、执行、协调与控制，以实现项目立项时确定的目标。

(二) 项目管理的特点

1. 具有明确的目标

项目管理的目标是通过管理实现项目的既定目标，没有目标就无所谓管理，管理本身不是目的，而是实现一定目标的手段。项目管理的目标是由项目目标决定的，即在规定的时间内，达到规定的质量标准，满足规定的预算控制。

2. 一项复杂的工作

项目管理的复杂性取决于项目和项目管理组织。一个项目一般由很多部分组成，工作跨越多个组织，需要运用多种学科的知识来解决。项目通常是一次性的，具有明显的创新性特点。在项目管理中，由于其独特性，往往很少有现成的经验可以直接借鉴。此外，在项目执行过程中，还会面临许多不确定的风险因素，增加了管理的复杂性。风险因素的发生概率和影响程度都是未知的，同样，项目管理组织是为了实现项目目标而将不同经历、不同组织的人员有机组织在一起。因此，项目管理组织具有临时性的特性，项目终结，组织使命完成，人员转移。另外，项目管理组织又具有一定的开放性。所谓开放性就是项目管理组织要随项目的进展而改变。为了保障组织高效、经济运行，组织人数、成员的职能会不断发生变化。一个临时的、开放的组织，在特定条件（成本、进度、质量）和约束下实现一个复杂项目既定的目标，这就决定了项目管理是一项复杂的工作。

3. 实行项目管理者负责制

项目具有一定的复杂性，而且项目的复杂性随其范围不断变化，项目越大越复杂，涉及的学科技术种类越多。需要各职能部门相互协调，通力配合。为了达到项目管理的目标，需要授权一位负责人，即项目管理者或项目经理。这位管理者拥有独立制订计划、分配资源、协调和控制的权力。项目管理者的职位是为了满足特定需求而设立的。因此，项目管理者必须具备相应的专业知识和领导才能，能够综合运用多种专业知识和管理方法来解决问题。

三、建设工程项目

（一）建设工程项目的概念

建设工程项目是项目中的一种，具有项目的含义。建设工程项目是利用一定的投资，经过一系列活动，在一定的约束条件下，以形成固定资产为目标的一次性活动。建设工程项目，是指为完成依法立项的新建、扩建、改建工程而进行的，有起止日期的，达到规定要求的一组相互关联的受控活动，包括策划、勘察、设计、采购、施工、试运行、竣工验收和考核评价等阶段。

（二）建设工程项目的特点

建设工程项目具有一次性、目标性、系统性和约束性等基本特征。除此之外，还有一些独特的特性，具体包括：

1. 投资规模大

建设工程项目旨在为人们的生活提供功能全面、舒适、美观的空间，满足基本生活需求。这类项目通常涉及房屋、道路、桥梁、工厂等大型设施，因此需要大量投资，从几百万元到数亿元不等。

2. 地域固定性

建设工程项目根据需求而定，施工地点固定，一旦建成通常无法移动。因此，项目必须在特定的场地和条件下组织实施。

3. 生产周期长且过程开放

由于建设规模庞大、技术复杂，从策划到投入使用的过程时间长，可能从几个月到数年不等。长期的露天施工使其受外部环境影响大，存在多种不确定因素和较大风险。

4. 参与人员众多，生产具有规律性

建设工程项目是一项复杂的工程，涉及多个专业领域，包括建筑师、结构师、设备工程师、项目管理者、建设工程人员、监理人员等。尽管参与人员众多，但项目建设过程有一定规律性，施工工艺必须遵守规范要求，使用专用的仪器设备。

5. 产品质量的强制性

建设工程产品的质量直接关系到国家财产和人民生命安全。因此，从项目立项、可行性研究、设计、建设到竣工验收和交付使用，都必须在政府及相关机构的控制和监督下进行。

6. 外部协作性

建设工程项目需要与多方协作，包括供应商、承包商、政府机构等，以确保工程顺利进行。这要求项目管理具备高效的沟通和协调能力。

(三) 建设工程项目的建设程序

一个建设工程项目的建成通常需要经历多个阶段。这个过程涉及广泛的领域，需要内外部的协作与配合，关系错综复杂。项目必须按照一定的程序进行，以保证有序推进。在工程建设领域，这种按部就班的方法通常被称为"建设程序"。从投标开始到保修期结束，建设工程项目大致可以分为五个阶段：投标、中标、签约阶段，施工准备阶段，施工阶段，竣工验收、交付使用、工程结算阶段，后续服务阶段。

1. 投标、中标、签约阶段

项目的运行开始于参与投标。项目建设单位在进行设计和前期准备后，提出建设规模、使用要求、期限，并估算材料和人工成本，制定招标文件，发布招标信息。施工单位在看到招标信息后，决定是否参加投标。通过资格审查后，参与投标的单位提交密封标书。开标、评标后，中标单位收到通知书，随后与发包单位就技术和经济问题进行谈判，最终签订正式合同。

2. 施工准备阶段

签约后，企业必须做好合同履行和施工的准备。这包括组织准备和开工准备。组织准备主要是组建项目经理部和授权项目经理。开工准备包括技术审查、图纸会审、了解工程地基和自然环境、编制施工预算和组织设计；物资准备、施工机械设备准备、模板和脚手架的准备；人员和劳动组织准备、集结施工队伍和建立班组；施工现场准备，如清除障碍物、确保工程场地的"三通一平"、测量放线和建立临时设施；以及场外准备，包括签订材料供应合同、订立分包合同、提交开工申请报告。

3. 施工阶段

开工报告批准后，项目进入建设实施阶段。施工活动应按设计要求、合同条款、预算、施工程序和顺序，以及组织设计进行，确保质量、工期、成本等目标的达成。

4. 竣工验收、交付使用、工程结算阶段

项目完成后，施工单位将工程及相关资料移交给建设单位或监理单位，接受各项审查和验收。符合质量标准后，项目可以交付使用。同时，完成债权债务的结算，解除合同关系。但这并不意味着施工企业的责任和义务结束。

5. 后续服务阶段

项目的最终阶段是保修期。因此，工程项目交付后，根据合同规定的保修期，对工程项目进行回访和保修，确保使用单位能正常使用并发挥效益。

四、建设工程项目管理

(一) 建设工程项目管理的概念

建设工程项目管理，指的是运用系统理论和方法，对建设工程项目进行计划、组织、协调和控制等一系列专业化活动的过程。

(二)建设工程项目管理的内容和程序

建设工程项目管理是施工企业履行施工合同的全过程,同时也是实现项目预期目标的关键步骤。项目管理者在实施项目的过程中,应当运用科学管理的基本原理,发挥企业的技术管理优势,组织各级管理活动,以实现全面有效的项目管理。每个过程都应体现"计划、实施、检查、处理(PDCA)"的持续改进。

1. 建设工程项目管理的内容

建设工程项目管理的内容取决于项目管理的目的、对象和手段。项目管理的目的就是实现质量、成本、工期和安全的预期目标,对象就是生产要素,手段就是通过管理规划、组织协调、合同管理和信息管理等进行生产要素管理与目标控制。

每个建设工程项目的具体管理内容由施工企业法定代表人向项目经理下达的"项目管理目标责任书"确定,由项目经理负责组织实施。其具体内容包括:

① 编制"建设工程项目管理规划大纲"和"建设工程项目管理实施规划"。

② 实施建设工程项目进度控制。

③ 确定并实施建设工程项目质量控制计划。

④ 进行建设工程项目安全控制,包括安全计划的实施和持续改进。

⑤ 实施建设工程项目成本控制,包括成本预测、计划编制、实施及核算。

⑥ 管理项目生产要素,如人力资源、材料、设备、技术和资金。

⑦ 进行建设工程项目合同管理工作,包括招标投标、合同实施控制和索赔管理。

⑧ 实施建设工程项目信息管理,包括信息流的确定、信息处理和外界交流。

⑨ 进行建设工程项目现场管理工作,包括现场规划、环境保护等。

⑩ 组织协调项目内部关系及与外部的联系。

⑪组织实施项目竣工验收工作，包括验收准备、计划编制、现场验收、结算和资料移交。

⑫进行项目考核评价工作，包括制定方案、考核实施、报告制作及评价公布。

⑬完成项目回访保修工作，包括回访计划的制订和执行，以及根据质量保修书进行保修工作。

2. 建设工程项目管理的程序

建设工程项目实施过程遵循一定的程序，对项目的管理也必须随项目的进展情况有序进行，建筑施工项目的管理应遵循以下程序。

①编制项目管理规划大纲。

②编制投标书并进行投标。

③签订施工合同。

④选定项目经理。

⑤项目经理接受企业法定代表人的委托组建项目经理部。

⑥企业法定代表人与项目经理签订"项目管理目标责任书"。

⑦项目经理部编制"项目管理实施计划"。

⑧进行项目开工前的准备工作。

⑨施工期间按"项目管理实施规划"进行管理。

⑩在项目竣工验收阶段进行竣工结算，清理各种债权、债务，移交资料和工程。

⑪进行经济分析。

⑫做出项目管理总结报告，并送企业管理层有关职能部门。

⑬企业管理层组织考核委员会对项目管理工作进行考核评价，并兑现"项目管理目标责任书"中的奖惩承诺。

⑭项目经理部解体。

⑮在保修期满前企业管理层根据"工程质量保证书"的约定进行项目回访与保修。

第二节　工程项目组织

一、组织的含义

现代社会每个人都生活和工作在组织中，组织无时不在，无处不在。那么，如何定义组织呢？

"组织"一词的含义比较广泛，国内外有许多论述。例如，霍奇和安东尼将组织定义为："两个以上或更多的人为实现一个或一组共同的目标协同工作而组成的集合。"巴纳德则将组织定义为："一个多人紧密协作的所有活动的系统，这些活动是紧密的，并且是在预先确定的和有目的的协作下进行的。"无论专家们如何定义"组织"，本质上"组织"有两重含义。一方面，作为名词，"组织"指的是一个实体：一群人为实现特定目标而按照某种形式或制度结合的集合。这个集合中的人员具备专业技术和管理技能，存在明确的管理层次，以及相对稳定的职务和职位结构，例如项目组织和文艺组织。另一方面，作为动词，"组织"指的是一个过程：为实现特定目的，人们通过一定的权力体系和影响力合理配置所需资源，并对活动进行筹划、安排、控制和检查，如组织一次大型文艺活动或比赛。

通过以上论述可以发现，"组织"一词的具体含义针对不同使用环境和使用场合而不同。将"组织"和"项目"结合起来就可以把"项目组织"定义为："人们为了实现项目目标，通过明确分工协作关系，建立不同层次的责任、权利、利益制度而构成的从事项目具体工作的运行系统。"

二、施工项目组织

(一) 施工项目组织的概念

施工组织是指建筑施工项目的参加者、合作者为了实现施工项目的目标，按一定规则或规律建立起来的群体。

(二) 合作者

施工项目组织合作者一般包括项目所有者、项目管理者、项目专业承包者、政府机构、项目驻地的环境。另外，在建筑施工项目组织中，施工项目组织合作者还可能包括项目的主管部门等。

1. 项目所有者

项目所有者，通常被称为业主，是项目的发起者，居于组织的最高层，对整个项目负责，最关心的是项目整体经济效益。项目所有者对项目的管理体现在以下几方面。

① 决策职能，是指项目所有者应该做项目战略决策，如确定项目整体概况、生产规模等。

② 计划职能，是指项目所有者应该围绕项目建设全过程、总目标做整体计划，用动态计划协调与控制整个施工项目。

③ 组织职能，是指项目所有者应该选择项目经理和承包单位，建立项目管理组织机构。

④ 协调能力，是指项目所有者应该协调项目实施中各相关层次、相关部门之间的关系，确保系统能够正常运行。

⑤ 控制职能，是指项目所有者应该在实现建筑施工目标过程中，不断通过决策、计划、协调和信息反馈等手段对成本、进度、质量进行宏观控制，确保目标实现。

2. 项目管理者

项目管理者由业主选定，负责项目实施中的具体事务管理工作。实现业主投资意图，保护业主利益，保障项目整体目标实现。一般情况下，业主可以委托独立的施工项目监理部门作为项目管理者，监理对项目的管理主要体现在以下几方面。

① 费用控制。

② 工期控制。

③ 质量控制。

④ 合同管理。

3. 项目专业承包者

项目专业承包者是项目实施者，负责项目的具体实施，主要目的是在满足合同规定的时间、费用和质量的要求下，实现预期的施工项目的承包利润，其主要任务和职能包括以下几方面。

① 建立施工组织管理组织，选聘项目经理，选择适当的组织形成，组建项目管理机构，编制项目管理制度。

② 编制施工项目管理计划。

③ 进行施工项目目标控制。按合同规定完成自己所承担的项目任务，并进行进度、质量、成本、安全，现场等管理。

④ 进行施工项目承包合同管理和信息管理。

⑤ 遵守项目管理规则。

4. 政府机构

政府为了履行社会管理职能，由有关的政府机关以相关法律为依据对施工项目进行强制性的监督和管理。政府的管理职能贯穿于施工项目的全过程，主要内容包括以下几点。

① 建设用地、规划、环境保护管理。

② 建设规划管理。

③ 环境保护管理。

④ 建筑防火防灾（防震、防洪等）管理。

⑤ 有关技术标准、技术规范等执行情况的审核。

⑥ 建设程序管理。

⑦ 施工中的安全、卫生管理，以及建成后的使用许可管理。

5. 项目驻地环境

项目驻地环境是指施工项目建设地点的自然条件和驻地居民。驻地自然条件的好坏，以及驻地居民的合作态度对项目的实施有很大的影响。

三、施工项目管理组织机构

(一) 施工项目管理组织机构的含义

施工项目管理组织机构是指表现构成管理组织的各要素（人员、职位、部门、级别等）的排列顺序、空间位置、聚集状态、联系方式，以及相互关系的一种形式，一般以框图的形式进行表达。

(二) 施工项目管理组织机构的设计原则

一个合理的组织机构应该能够随外部环境的变化而适时调整，为项目管理者创造良好的管理环境，有利于更有效地实现管理目标。因此，组织机构的设计非常重要，必须遵守一定的原则。

1. 目标性原则

任何一个组织的设立都有其特定的任务和目标，没有任务和目标的组织是不存在的。因此，在进行组织机构设计时必须遵守这一原则。项目管理者应对管理组织认真分析，围绕任务和目标确立需要设置的人员、职位、部门、职能等要素。另外，组织在因外部环境变化而对其内部要素进行调整、合并和取消时也必须遵守目标性的原则，以是否有利于实现其任务目标作为衡量组织机构的标准。

2. 系统化管理的原则

项目本身遵循系统化原则，因此，在组织建立时也应反映这一系统性。这意味着组织内部的元素不仅需进行分工协作，还必须遵循统一指挥。分工协作指的是将管理任务细化并分配给合适的人员，以提升专业管理水平和工作效率。为了完成共同的管理目标，不同岗位的员工必须相互协作。更细致的分工意味着更高的专业化水平、更明确的责任划分，从而提高工作效率。然而，由于部门众多、工作交接频繁，相互间的沟通变得更加困难，这对协作提出了更高的要求。在管理过程中，为了有效实施分工协作并提高效率，必须实行统一的指挥，建立严格的管理责任制和层级负责制度，以确保指令的顺畅执行。

3. 管理跨度和管理层次适中的原则

管理跨度是指一个领导者直接指挥、监督下一层组织单元的数量；管理层次是指从最高领导者到最下一层组织单元之间的等级次数，两者呈反比关系。管理跨度越大，领导者的负担越重，决策越易失控；管理层次越多，管理费用越高，命令传达越容易出错，信息沟通越复杂。因此，在组织机构设计时，一定要综合考虑，建立一个规模适度、结构简单、层次较少的高效组织机构。

4.责、权、利相平衡的原则

在组织内部，明确的分工意味着每个人或职位需承担特定责任。在组织设计时，应该考虑到以下两点：一点是一个人所担负的责任应与它所拥有的权利和所享受的待遇相一致；另一点是同一层次人员之间的责权利相平衡。苦乐不均、忙闲不均不利于调动人员积极性，更不利于管理，难以保证管理目标的实现。

5.精简高效的原则

精简高效是任何一个组织建立时都力求达到的目的。组织成员越多，管理费用就越高，而且越不利于组织运转。当然精简不是专指人少，而是应做到人员少而精。因此，精简的原则是在保证完成组织任务的前提下，尽量简化机构，选用精干的队伍，选用"一专多能"的人员。这样才有利于提高组织工作效率，更好地实现组织管理目标。

6.稳定性和灵活性相结合的原则

组织建立的任务和目标是进行一些有效的活动，这就要求组织必须处于一种相对稳定的状态。随着项目实施的进展，管理目标有所改变，组织的任务目标也应发生相应的变化，组织机构就必须适时调整，有针对性地对组织因素进行适当调整，以适应新的管理要求。一成不变的组织不可能创造出业绩，也不可能完成管理目标。因此，组织机构形式的设立必须在稳定的基础上灵活改变，提高组织适应性。

四、施工项目组织结构的基本形式

根据项目规模和外部环境不同，组织结构的形式也多种多样。随着社会生产力水平的提高和科学技术的发展，还将产生新的结构形式。每一种结构形式都有利有弊。建筑施工企业应根据施工项目的特点，结合企业自身特点及合同要求，选择合适的组织结构形式。常见的组织结构形式有直线型组织结构、职能型组织结构、直线参谋型组织结构、直线职能参谋型组织结构、矩阵型组织结构等。现简单介绍两种应用较普遍的组织结构形式。

(一)直线型组织结构

直线型组织结构是最简单的一种组织结构形式，组织内各级呈直线关系。各组织单元只接受一个直接上级的指令，只对一个上级负责。组织内责权分明，秩序井然，命令统一，工作效率高，但相互之间缺少协调工作。

(二) 矩阵型组织结构

一个企业同时承担许多项目的实施和管理，各项目的规模不同，复杂程度也不同。这时简单的组织结构形式已经不再适应，一般采用矩阵型组织结构形式。这种组织结构既包括按职能划分的纵向部门，也设有按项目分配的横向部门。组织中的专业人员不仅受本部门领导的管理，同时也归项目经理的领导。这种组织结构加强了各职能部门的横向业务联系，专业人员、设备得到充分利用，有利于资源优化，具有较大适应性和灵活性。但是人员受双重领导，难以统一命令，出现问题也难以查清责任。因此，必须授予项目负责人充分的权力。

第三节　工程项目规划

一、工程项目规划的含义

为了使项目管理活动富有成效的开展，必须事先做好项目规划。项目规划是一个过程，它确定项目达到的目标，估计围绕目标实现会遇到的问题，并提出解决问题的有效方案、方针、措施和手段。

(一) 项目规划要结合实际

项目规划的关键在于其与现实情况的紧密结合。在制订项目计划时，必须全面考虑到各种实际因素，以确保项目的成功执行。首先，环境因素的影响是不可忽视的。例如，人力资源的可用性和技能水平、自然资源的可获得性、现场的地理和地质条件、当地的气候和环境变化都对项目的实施产生深远影响。其次，施工项目本身的特点也是规划时需要考虑的重要因素。工程的规模、技术复杂性、预期的质量水平等都会对工程的设计、材料选择、施工方法及时间安排产生影响。

这种基于现实条件的规划要求项目经理具备深刻的行业知识和经验，

能够准确评估和利用可用资源，并对可能出现的问题和挑战有预见性的应对策略。例如，在资源紧张的情况下，如何有效利用有限的人力和物资资源，或在恶劣的气候条件下，如何调整工作进度和方法以保证安全和质量。因此，项目规划必须是一个动态的、持续调整和优化的过程，以确保最终达成项目目标。

(二) 项目规划要满足经济性的要求

一个成功的项目不仅要在技术上可行，同时也要在经济上合理。项目规划应追求成本效益最大化，即在保证质量的前提下，尽可能降低成本，增加投资回报。这不仅包括直接的经济效益，如成本节约和利润增加，还包括社会效益，如对环境的影响、对当地社区的贡献等。

为实现这一目标，项目经理在规划阶段需要进行彻底的经济分析。这包括对不同方案的成本和效益进行评估，比较各种替代方案长期和短期的经济影响。例如，选择更耐用但成本更高的材料可能会增加初始投资，但从长远来看，由于维护成本的降低，整体成本可能更低。在经济分析中，还应考虑风险因素，如市场波动、原材料价格变化等，以及这些因素对项目成本和时间表的潜在影响。

因此，项目规划必须基于对项目全生命周期成本的综合考虑，包括建设成本、运营成本和维护成本。通过在规划阶段进行综合的经济分析，项目经理可以选择最符合经济性要求的方案，确保项目的财务可持续性。

(三) 项目规划要具有弹性

在项目管理中，弹性规划是确保项目成功的关键要素。项目规划不仅是一个基于预定目标和实施方案的过程，而且必须包含对以往工程经验的吸收、对环境状况的全面评估和对未来的合理预测。由于规划中涉及众多人为因素，因此在实际执行过程中，项目往往会遇到各种不确定因素和风险。这些可能包括市场动态的变化、环境条件的变化、气候的影响、设计的变更、经济的影响等。

面对这些不确定因素，项目规划的弹性变得至关重要。这意味着在制订初始计划时，必须留有足够的余地来应对未来可能出现的变化。例如，如果市场需求发生变化，项目可能需要调整其输出以适应新的市场环境；或者，如果遇到不可预见的环境问题，可能需要调整施工方法或时间表。弹性规划允许项目团队在不牺牲项目目标的前提下，对策略和计划进行必要的调整。

为了实现这种弹性，项目经理和团队需要具备高度的适应性和创新能力。他们需要能够快速识别和响应外部变化，同时保持对项目目标的清晰视野。这通常包括跨领域的沟通和协调，以确保所有相关方面——从供应商到施工团队，从项目赞助商到最终用户——都在变化的环境中保持同步。

二、工程项目规划的内容

(一) 进度计划

施工进度计划是施工管理中的重要组成部分，它详细地规划了施工项目的各个阶段，确保项目能够有效、高效地完成。进度计划不仅涉及施工的时间安排，还包括资源分配、任务协调和风险管理等多个方面。

① 安排并确定各项施工活动之间的逻辑关系与工作排序，这一步骤涉及识别项目中各项任务的先后顺序和依赖关系。通过对任务之间逻辑关系的分析，可以确保施工活动的有序进行，避免因资源冲突或时间冲突导致的延误。

② 估计各施工活动的持续时间：需要根据每项活动的复杂性、所需资源数量 (如材料、人力、机械) 和具体施工条件 (如天气、环境限制) 来估算。在这个过程中，可能需要考虑历史数据和专家经验，确保估算的准确性和可行性。

③ 编制施工进度计划：基于总进度目标和各活动的预计持续时间，制订出一份详尽的施工进度计划。这通常涉及使用项目管理工具 (如甘特图、PERT 图或关键路径法) 来展示任务之间的时间关系和优先级。

④ 制定进度计划管理规定：这包括进度跟踪、监控机制，以及应对计划偏差的措施。明确规定如何在项目执行过程中对计划进行检查、评估和调整，以确保项目按时完成。

(二) 成本计划

施工项目成本的计划与控制对于建筑施工企业至关重要。这一过程包括对项目实施过程中所需的全部费用的估算和管理，旨在确保项目的高效、经济运行。施工项目的成本主要分为直接成本和间接成本两大类。直接成本是指直接用于施工活动的费用，如材料、人工和设备等；间接成本则包括项目管理费用、安全措施费用，以及其他一些不能直接归属到某个具体施工活动的费用。

详细的成本计划不仅有助于预测整个项目的财务需求，还能作为日后成本控制的主要依据，是项目管理中不可或缺的一部分。一个有效的成本计划通常包括以下几个方面的内容：

① 各个成本对象的计划成本值：这包括对项目中每个成本对象的详细预算，如特定工序的人工和材料费用。

② 成本—时间表和曲线：这是指成本的强度计划曲线，用于展示在项目的不同阶段所计划的成本支出。这有助于监控项目进度与成本之间的关系，确保成本在整个项目周期中得到有效管理。

③ 累计成本—时间表和曲线：通常被称为 S 曲线或香蕉线，这是项目的成本模型，用于显示项目整个期间的成本累计情况。这对于追踪总体成本趋势非常有用。

④ 其他的相关计划：这包括资金支付计划、工程款收入计划、现金流量计划和融资计划等。这些计划帮助施工企业理解资金流入和流出的时间点和量级，从而有效地管理现金流和融资需求。

(三) 质量计划

项目质量计划是确保项目符合预定质量标准的关键组成部分。它包括的不仅是质量标准的设定，还包括如何通过具体措施达到这些标准。在制订成本计划时，需要综合考虑质量、进度和成本三者之间的关系，确保这三个方面的平衡和相互支持。

详细的施工项目质量计划通常包括以下内容：

① 质量方针、质量验收标准和规范：这部分定义了项目的质量目标和

期望达到的标准。它包括具体的质量验收标准和遵循的行业规范，确保项目符合行业标准和客户要求。

②为了达到质量标准而制订的质量管理计划：这个部分是项目质量计划的核心。它涵盖质量管理的组织结构、责任分配、控制程序、检验方法、实施过程及资源保障等方面。这些内容确保项目在每个阶段都能达到既定的质量标准。

③质量管理计划实施说明：这一部分详细描述了如何执行质量管理计划，包括具体的实施步骤、时间表和资源分配。它提供了一个清晰的路线图，指导项目团队如何实现项目的质量目标。

④检查表格：检查表格是监控和评估施工项目质量管理计划执行情况的重要工具。通过这些表格，项目管理团队可以定期检查和核对项目的质量执行情况，确保所有质量标准得到恰当的遵循和实施。

(四) 资源计划

资源计划是项目管理中的重要组成部分，它包括确定工作实施所需的各种资源，以及这些资源的数量、分配时间和地点，同时还要尽可能地降低成本消耗。资源计划的主要目的是保证项目在不同阶段能够获得所需的资源，以顺利推进项目进度。

资源计划主要包括以下几个方面的内容：

①资源的使用计划：这个部分涵盖资源的分配和使用计划。它不仅包括劳动力的使用情况，例如员工的招聘、培训计划，还包括机械设备的使用情况，如设备的采购、维护、租赁等。这一计划确保了项目有足够的人力和设备支持。

②资源的供应计划：资源供应计划包括资源的获取和分配，包括劳动力、材料、设备、物资的供应计划，以及采购和运输的安排。这个部分确保所需资源能够及时、有效地到达项目实施地点。

③资源的管理和优化：这一部分专注于资源的有效管理和优化使用。它包括如何更有效地利用现有资源，减少浪费，并确保资源的最优配置。这不仅包括物质资源，还包括人力资源的合理分配和管理。

（五）其他计划

其他计划作为项目管理的关键组成部分，补充和完善了项目的整体规划。它们主要包括现场总平面布置计划和后勤管理计划等重要内容，每个部分都对项目的顺利实施起到了不可或缺的作用。

1. 现场总平面布置计划

现场总平面布置计划主要关注项目现场的整体布局。它包括对工作区域、设备摆放、物资存放，以及人员活动区域的安排。在这个计划中，重要的是要确保现场布局既高效又安全，便于工作人员进行日常操作，同时也能够快速应对紧急情况。此外，这个计划还需要考虑环境保护、周边居民的生活影响等因素，确保项目产生的社会问题和环境问题得到妥善处理。

2. 后勤管理计划

后勤管理计划包括项目实施过程中所需的各种后勤支持和服务。这包括但不限于员工的食宿安排、交通工具的管理、医疗急救服务、安全保障措施等。这个计划是为项目团队提供必要的生活和工作支持，确保他们能够在一个安全、舒适的环境中工作。同时，良好的后勤支持还有助于提高员工的满意度和工作效率，对项目的整体进度和质量有着积极的影响。

第五章　工程项目进度管理

第一节　工程项目进度目标与进度计划

工程项目进度目标及进度计划因参与工程项目建设各方单位不同而不同，主要包括建设单位、监理单位、设计单位和施工单位的进度目标及进度计划。

一、工程项目进度目标的相关知识

(一) 总进度目标的概念

工程项目的总进度目标指的是整个项目的进度目标，它是在项目决策阶段项目定义时确定的，项目管理的主要任务是在项目的实施阶段对项目的目标进行控制。工程项目总进度目标的控制是业主方项目管理的任务 (若采用建设项目总承包的模式，协助业主进行项目总进度目标的控制也是建设项目总承包方项目管理的任务)。在进行工程项目总进度目标控制前，首先应分析和论证目标实现的可能性。若项目总进度目标不可能实现，则项目管理者应提出调整项目总进度目标的建议，提请项目决策者审议。

(二) 总进度目标论证的工作内容

在工程项目的实施阶段，其总进度的细化和管理是至关重要的。它包括以下几个关键阶段，每个阶段都需要精确的计划和严格的执行来确保项目按时、按质完成。

① 设计前准备阶段的工作进度：这是项目启动的初期阶段，包括市场研究、项目可行性分析、资金筹措、团队组建等。这个阶段的进度管理要求对项目的初步设想进行细化，并为后续设计工作奠定基础。

②设计工作进度：在此阶段，主要任务是完成项目的详细设计工作，包括建筑设计、结构设计、电气和管道设计等。这个阶段需要紧密监控设计进度，确保设计质量满足项目需求，同时也要处理好与施工和采购环节的衔接。

③招标工作进度：招标是选择合适的承包商和供应商的过程。这个阶段包括编制招标文件、发布招标公告、评标及签订合同等环节。进度管理需要确保招标过程的公平、公正，并按照预定计划进行。

④施工前准备工作进度：施工前的准备包括工地准备、施工设备的调配和施工队伍的组建。这一阶段的进度管理关键在于确保所有准备工作及时完成，为顺利施工打下基础。

⑤工程施工和设备安装工作进度：这是项目实施的核心阶段，涉及实际的建筑施工和设备安装。进度管理需要精确控制每个子项目的进度，确保工程按计划推进，同时保证施工质量。

⑥工程物资采购工作进度：物资采购是确保施工顺利进行的关键。这一阶段的进度管理要求及时采购所需材料、设备，并确保其按时运达工地。

⑦项目动用前的准备工作进度：这是项目收尾阶段，包括工程验收、调试设备、培训操作人员等。这个阶段的进度管理目的是确保项目所有环节都已准备就绪，可以顺利投入使用。

工程项目总进度目标论证时，应分析和论证上述各项工作的进度及上述各项工作交义进行的关系，它涉及许多工程实施的条件分析和工程实施策划方面的问题。对于大型工程项目，其总进度目标论证的核心工作是通过编制总进度纲要论证总进度目标实现的可能性。总进度纲要的主要内容包括项目实施的总体部署、总进度规划、各子系统进度规划、确定里程碑事件的计划进度目标、总进度目标实现的条件和应采取的措施等。

(三) 总进度目标论证的工作步骤

建设工程项目总进度目标论证的主要工作步骤：

①调查研究和收集资料：这一步骤是进度目标论证的基础。它包括对项目背景、市场环境、资源可用性等方面的深入调查研究，并收集相关的历史数据、行业标准和法规要求。

②进行项目结构分析：项目结构分析涉及对项目的整体布局和各个子项目的关系进行解析。这有助于明确项目的主要组成部分，理解不同环节之间的相互依赖和影响。

③进行进度计划系统的结构分析：这一步骤涉及对项目进度计划系统的框架进行分析，确定其组成要素，如工期、里程碑、关键路径等，并评估它们之间的逻辑关系。

④确定项目的工作编码：工作编码是对项目活动进行分类和编排的过程。它涉及将项目分解为更小的任务单元，并为每个任务分配一个唯一的标识符，以便于跟踪和管理。

⑤编制各层(各级)进度计划：项目进度计划应按不同层级(如项目、阶段、任务等)编制。这有助于细化项目的各个方面，确保各层级目标的明确性和可实施性。

⑥协调各层进度计划的关系和编制总进度计划：在这一步骤中，需要协调各层进度计划之间的关系，整合成一个统一的总进度计划。这一过程确保各个部分的进度安排与整体目标相一致。

⑦适时调整计划：如果总进度计划与项目目标不符，需要进行调整。这可能涉及优化资源配置、调整工作顺序、改变工作方法等。

⑧必要时报告项目决策者：如果经过反复调整后，进度目标仍然无法实现，则应及时向项目的决策者报告。这一步骤涉及对进度目标的重新评估，可能需要调整项目范围、增加资源或修改项目目标。

二、进度计划的相关知识

(一) 进度计划的概念

工程项目进度计划是在工程项目分解结构的基础上，对项目活动进行一系列的时间安排，它要求对项目活动进行排序，明确项目活动开始及完成所需要的时间。制订工程项目进度计划的主要目的是控制和节约时间，保证项目在规定的时间内能够完成。

(二)进度计划系统的概念

建设工程项目进度计划系统是由多个相互关联的进度计划组成的系统,它是项目进度控制的依据。由于各种进度计划编制所需要的必要资料是在项目进展过程中逐步形成的,因此项目进度计划系统的建立和完善也有一个过程,也是逐步形成的。

(三)进度计划系统的分类

1. 按工程项目进度控制的不同需要和用途分类

按工程项目进度控制的不同需要和用途,建设方和项目各参与方可以编制多个不同的建设工程项目进度计划系统,具体分为以下几类:

① 由多个相互关联的不同计划深度的进度计划组成的计划系统。

② 由多个相互关联的不同项目参与方的进度计划组成的计划系统。

③ 由够个相互关联的不同计划周期的进度计划组成的计划系统。

2. 按深度不同分类

(1)总进度规划(计划)

总进度规划(计划)提供了整个项目的宏观视角。它涉及项目从启动到完成的整体时间框架,包括所有关键里程碑和阶段的开始及结束日期。这个计划确保了项目的每个组成部分都能协调一致地向前推进。总进度规划通常会考虑到项目的所有关键因素,如资源分配、风险管理,以及可能的时间延误等,从而为整个项目的顺利进行提供了一个大致的时间轮廓。

(2)项目子系统进度规划(计划)

项目子系统进度规划(计划)聚焦于项目的各个子系统。每个子系统可能包含不同的工作内容和目标,因此这一规划需要更细致地处理每个子系统的特定需求和时间安排。在这一层面上,进度规划更为详细,涵盖子系统中的每一个关键任务和活动,确保它们能够有效地协同工作,按时完成。

(3)项目子系统中的单项工程进度计划

项目子系统中的单项工程进度计划是最具体的。这一计划专注于子系统内部的单个工程或任务。它为每个任务设定了具体的开始和结束日期,明确了责任人、所需资源和具体的工作步骤。这种高度详细的计划有助于确保项目的每一个小环节都能按时、高质量地完成。

这三种层次的进度规划相互关联，共同构成了工程项目进度管理的框架。总进度规划提供了项目的全局视图；项目子系统进度规划则更加关注各个子系统的内部协调和时间安排；而项目子系统中的单项工程进度计划则确保了每个具体任务的精准执行。通过这种层次分明、互相衔接的进度规划，可以确保项目在各个层面上的顺利进行，最终实现项目目标。

3. 按项目参与方不同分类

（1）业主方编制的整个项目实施的进度计划

业主方编制的整个项目实施的进度计划，通常是项目最全面的计划。它由项目的所有者或发起者制订，覆盖项目从开始到结束的所有阶段。这个计划包括项目的整体目标、预期的里程碑，以及重要的交付日期。业主方的进度计划是项目的指导性文件，为所有参与方提供了一个共同的工作框架和时间线。

（2）设计方编制的进度计划

设计方编制的进度计划主要由项目的设计团队负责制订，专注于项目的设计阶段。这个计划涵盖从初步设计到最终设计审批的所有环节，确保设计活动能够顺利进行，并与项目的其他部分保持同步。设计进度计划通常包括设计审核、图纸准备，以及与业主和承包商的协调等重要环节。

（3）施工和设备安装方编制的进度计划

施工和设备安装进度计划则由承包商或施工团队制订，涉及项目的实际建造和设备安装工作。这个计划详细规定了施工的每个阶段，如地基工作、结构建造、设备安装，以及最终的验收等。施工和设备安装进度计划的制订需要考虑到材料供应、劳动力管理、安全规范等多方面因素，以确保施工过程的高效和安全。

（4）采购和供货方编制的进度计划

采购和供货进度计划关注的是项目所需材料和设备的采购、制造和供应。这个计划由采购团队或供应链管理团队制订，包括选择供应商、下单、追踪订单，以及确保按时交付等关键环节。采购和供货进度计划的重点是确保项目所需的资源能够及时到位，避免因资源短缺导致的工作延误。

这些不同的进度计划相互衔接，共同确保项目的顺利进行。业主方编制的整个项目实施的进度计划提供了整个项目的宏观视角；设计进度计划确保设计工作的高效和准确；施工和设备安装进度计划则关注于实际的建造工作；而采购和供货进度计划则保证了项目所需资源的及时供应。通过这些不同的进度计划，各个参与方能够协同工作，共同推进项目的成功实施。

4. 按照周期不同分类

(1) 五年建设进度计划

五年建设进度计划是一种长期计划，通常用于大型项目或那些需要多年时间才能完成的工程。这种计划涵盖从项目启动到完成的整个周期，包括各个重要阶段和关键活动的时间表。五年计划的制订需要考虑到市场变化、技术进步、资源分配等多种因素，以确保计划的可行性和灵活性。

(2) 年度进度计划

年度进度计划通常用于划分项目的年度目标和关键成果。年度计划详细列出了一年内需要完成的主要任务和里程碑，为项目提供了中期的管理和监控基础。在这个计划中，可以更精细地调整资源分配，确保项目的每个阶段都能顺利进行。

(3) 季度计划

季度计划进一步细化了年度计划，将一个年度分为四个季度。每个季度计划都集中于短期内的特定目标和任务。这种计划使项目团队能够快速适应变化，及时调整策略和资源配置。季度计划的制订需要充分考虑到项目进展的实际情况和可能出现的挑战。

(4) 月度计划

月度计划是更为具体的短期计划，它详细描述了在接下来的一个月内需要完成的工作。月度计划通常包括具体的任务分配、截止日期和预期成果。这种计划有助于确保项目团队集中精力完成即时的任务，同时也便于追踪项目进度和调整计划。

(5) 旬计划

旬计划是最短期的计划形式，通常用于紧迫的项目或那些需要高度关注细节的情况。旬计划将一个月分为三个旬，每个旬大约十天。在这种计划中，项目团队会详细规划每个旬的具体任务和目标，以确保项目的连续性和高效性。

（四）进度计划系统中的内部关系

在建设工程项目进度计划系统中各进度计划或各子系统进度计划编制和调整时必须注意其相互间的联系和协调，包括：

① 总进度规划（计划）、项目子系统进度规划（计划）与项目子系统中的单项工程进度计划之间的联系和协调。总进度规划是整个项目的蓝图，它是项目从开始到完成的整体时间框架和主要里程碑。而项目子系统进度规划（计划）则更具体，涵盖项目中各个子系统的详细工作安排。在这两者之间，需要确保子项目系统的进度规划（计划）与总进度规划（计划）相匹配，任何项目子系统的延迟或变更都需及时反馈到总进度规划中。

② 控制性进度规划（计划）、指导性进度规划（计划）与实施性（操作性）进度计划之间的联系和协调。控制性进度规划（计划）是对项目关键路径和主要节点的控制，它对项目进展具有决定性影响。指导性进度规划（计划）提供了较为灵活的指导，帮助项目团队理解项目目标和期望。实施性进度规划（计划）则是项目实际操作中的具体执行计划。这三者之间必须保持一致性和连续性，确保项目的顺利进行。

③ 业主方编制的整个项目实施的进度计划、设计方编制的进度计划、施工和设备安装方编制的进度计划与采购和供货方编制的进度计划之间的联系和协调等。在一个建设项目中，不同的参与方（如业主、设计方、施工方、设备安装方及采购供货方）都有自己的角色和责任。每个参与方的进度计划不仅要与自身的任务和目标相符，还要与其他参与方的计划相协调。例如，设计进度必须与施工和设备安装的时间表相适应，而采购和供货的进度又直接影响施工的进度。

三、工程项目进度管理

工程项目进度管理的核心在于确保项目按预定工期顺利完成，这不仅要求精确的进度计划，还包括对该计划的持续跟踪和管理。在实施阶段，项目管理团队需要不断监控和比较项目的实际进展与计划进度。这种比较能够及时揭示出任何的偏差或滞后，并允许管理团队对原计划进行必要的调整。当出现偏差时，重要的是要分析其根本原因，这可能包括资源配置不当、技术问题、供应链挑战或外部环境因素的变化。基于这些分析，制定出有效的应对措施，如资源重新分配、进度调整或工作方法的改变，以确保工程项目能够回归正确的进度轨道。此外，项目管理的这一过程是循环的，直至项目的最终竣工验收，这保证了在整个工程周期内，项目进度得到持续的优化和改进。

为了实现工程项目的进度目标，涉及工程项目的各方，包括建设单位、监理单位、设计单位和施工单位，都必须各自制订和执行各自的进度计划。这些计划需要相互协调，形成一个综合的进度管理体系。例如，建设单位负责总体项目规划，确定关键里程碑和时间框架；监理单位则专注于确保项目符合规范和质量标准；设计单位负责提供详细的设计方案，确保设计的可行性和符合工程要求；而施工单位则直接执行建设工作，需要密切关注材料供应、施工人员和设备的管理。这些不同单位的计划协同工作，确保项目进度得以有效控制。在整个工程项目进度管理过程中，沟通和协调成为关键，各相关单位之间的有效沟通可以确保进度计划的顺利实施，及时解决冲突和问题，最终实现项目按时、高质量的完成。

第二节　工程项目进度计划实施中的监测与调整

一、工程项目进度监测与调整的系统过程

在工程项目的实施过程中，由于外部环境和条件的变化，进度计划的编制者很难事先对项目在实施过程中可能出现的问题进行全面的估计。气候的变化不可预见事件的发生及其他条件的变化均会对工程进度计划的实施产生影响，从而造成实际进度偏离计划进度，如果实际进度与计划进度的偏差得不到及时纠正，势必影响进度总目标的实现。为此，在进度计划的执行过程中，必须采用有效的监测手段对进度计划的实施过程进行监控，以便及时发现问题，并运用行之有效的方法进行调整。本节主要站在工程项目施工现场的施工单位和业主方委托的监理单位角度，介绍进度计划的监测与调整。

(一) 工程项目进度监测的系统过程

1. 进度计划执行中的跟踪检查

对进度计划的执行情况进行跟踪检查是计划执行信息的主要来源，是进度分析和调整的依据，也是进度控制的关键步骤。跟踪检查的主要工作是定期收集反映工程实际进度的有关数据，收集的数据应当全面、真实、可靠，不完整或不正确的进度数据将导致判断不准确或决策失误。为了全面、准确地掌握进度计划的执行情况，应重点做好以下三方面的工作：

(1) 定期收集进度报表资料

进度报表是项目管理中的重要工具，它反映了工程的实际进展情况。进度计划执行单位应定期 (如每周或每月) 填写进度报表，这些报表应包括已完成的工作量、正在进行的活动、即将开始的任务、遇到的问题及其解决方案等。为了提高报表的准确性和可靠性，可以采用数字化工具和软件来实时更新和共享信息。此外，进度报表的定期审核也同样重要，管理团队需对报表中的信息进行验证，确保其反映的进度情况真实可靠。

(2) 现场实地检查工程进展情况

除了通过报表来监控进度外，实地勘查工程现场是获取第一手资料的有效方式。这种检查可以帮助项目管理人员直观地了解工程进度，识别可能的延误和问题，并及时采取措施进行干预。在现场检查时，应关注关键节点的完成情况、资源的使用效率、工作环境的安全性等。通过实地观察，管理人员可以更全面地理解项目状态，从而做出更合理的决策。

(3) 定期召开现场会议

通过定期召开会议 (如每两周一次)，项目管理团队可以与各执行单位的相关人员进行面对面的交流，了解项目的最新进展，讨论存在的问题和挑战，并制定相应的解决方案。在这些会议中，应鼓励各方坦诚交流，共同探讨如何优化进度计划和提高工作效率。会议应有明确的议程，包括进度报告、问题讨论、改进措施等，以确保会议内容具有针对性和效率性。

2. 实际进度数据的加工处理

在项目管理中，对实际进度数据的加工处理是一个至关重要的环节，它涉及将收集到的原始数据转换成可以与计划进度进行比较的信息。这个过程不仅涉及数据的整理和统计，还包括对数据的深入分析，以确保准确、有效地评估项目进度。

第一，需要对实际进度数据进行详细的整理。这包括确认数据的准确性，排除任何误差或异常值。例如，对于在特定检查时点收集的实际完成工作量数据，需要核实其真实性和完整性。整理过程可能涉及数据的分类，如将工作量按照不同的项目阶段或任务类型进行分类。

第二，进行数据的统计工作。这可能包括计算特定时间段内完成的工作量，如本期累计完成的工作量，以及计算已完成工作量占计划总工作量的百分比。这种统计分析有助于快速把握项目当前的完成状态，如是否超前或滞后于计划。

第三，需要对数据进行深入分析，这可能包括趋势分析、偏差分析等。例如，可以通过对连续几个周期的进度数据进行比较，识别项目进度的趋势，判断项目是否在持续改进或恶化。偏差分析可以帮助识别实际进度与计划进度之间的差异，以及这些差异的原因，如资源分配不当、时间管理不足或外部因素的影响。

第四，将加工处理后的数据呈现出来，以便于项目团队和利益相关者的理解和决策。这可以通过制作进度报告、图表、仪表板等形式来实现。这些呈现方式不仅提供了项目的当前状态，还可以展示项目的历史进度和未来预测，帮助团队识别潜在的问题和风险，以便及时调整计划和策略。

3. 实际进度与计划进度的对比分析

实际进度与计划进度的对比分析是建设工程项目管理中的一个关键步骤。通过这种分析，项目管理团队可以清晰地识别项目进度的实际情况与最初设定目标之间的差异，从而及时做出必要的调整和改进。这一过程不仅涉及数据的对比，还包括深入分析原因、评估影响，并据此制定应对策略。

第一，要将实际进度数据与计划进度数据进行直观对比。这通常通过制作表格或图形（如甘特图、进度曲线图等）来实现。表格可以详细列出每个任务或活动的计划开始和完成时间与实际开始和完成时间，而图形则能直观显示整个项目的进度偏差。这些方法不仅有助于快速识别哪些部分超前或滞后，还可以展示整体项目的进度状态。

第二，分析实际进度与计划进度之间的差异。这一步骤主要包括识别进度偏差的具体领域，如特定的任务或阶段是否滞后或超前，并分析造成这些偏差的原因。原因可能多样，如资源分配不足、技术问题、供应链延误、环境因素等。通过识别这些原因，项目团队可以更好地理解进度偏差，并采取针对性的措施。

第三，评估偏差对项目整体的影响。例如，某个关键任务的延误可能会影响到整个项目的交付时间，或者增加成本。通过这种评估，项目团队可以确定哪些偏差需要优先解决，以及可能需要的资源和时间。

第四，根据对比分析的结果制定应对措施。这可能包括调整资源分配、优化工作流程、重新制定时间表等。关键在于制定实际可行的策略，以缩小实际进度与计划进度之间的差距。同时，这一过程还应包括与项目相关的所有利益相关者（如建筑师、承包商、客户等）的沟通和协调，确保所有人都对项目的最新进展有清晰的了解，并且对任何必要的调整持开放态度。

(二) 工程项目进度调整的系统过程

在建设工程管理中，对进度偏差的分析和调整是确保项目按时完成的关键环节。这一过程包括四个主要步骤：分析进度偏差产生的原因、评估其影响、确定后续工作和总工期的限制条件，以及采取措施调整进度计划。

1. 分析进度偏差产生的原因

进度偏差可能由多种因素引起。一是资源分配问题，包括人力、材料或设备不足。例如，如果关键工作人员离职或重要材料延迟交付，都可能导致进度延误。二是技术问题，如设计更改、施工技术难度增加或质量问题，也可能导致进度延误。三是外部因素问题，如不利的天气条件、法律法规变更、供应链问题等，也可能影响进度。了解这些原因有助于采取更有效的应对措施。

2. 分析进度偏差对后续工作和总工期的影响

进度偏差可能对后续工作产生连锁反应，影响整个项目的完成时间。例如，某个关键任务的延误可能导致后续任务无法按时开始，从而影响整个项目的总工期。此外，进度延误可能导致成本增加，如需要支付额外的人工费用或面临合同罚款。因此，准确评估进度偏差对后续工作和总工期的具体影响，对于制定有效的应对策略至关重要。

3.确定后续工作和总工期的限制条件

在调整进度计划时，必须考虑项目的限制条件。这些条件可能包括合同要求、资源可用性、环境和法律限制等。例如，合同中可能规定了不得更改某些关键交付日期，或者资源的可用性可能限制了调整进度的选项。因此，在调整进度计划之前，必须清楚地了解这些限制条件，并在这些条件的框架内制订调整方案。

4.采取措施调整进度计划

根据进度偏差的原因和影响评估以及限制条件，可以采取多种措施来调整进度计划。这些措施可能包括重新分配资源、加班、改变工作方法或顺序、引入额外的资源或技术等。在制定这些措施时，关键是找到一个既能满足项目目标又符合限制条件的平衡点。此外，与所有利益相关方的沟通也至关重要，以确保所有人对调整计划的理解和支持。

二、工程项目实际进度与计划进度的比较方法

实际进度与计划进度的比较方法主要包括横道图比较法、S形曲线比较法、"香蕉"曲线比较法、实际进度前锋线比较法。

(一) 横道图比较法

横道图比较法是一种表示施工进度进展状况的方法，它是将项目实施过程中检查实际进度收集到的数据，经加工整理后直接用横道线平行绘于原计划的横道线处，进行实际进度与计划进度直观比较的方法。采用横道图比较法，可以形象、直观地反映实际进度与计划进度的比较情况。

1.匀速进展横道图比较法

匀速进展是指在工程项目中，每项工作在单位时间内完成的任务量都是相等的，即工作的进展速度从开始到结束的整个过程中，其进展速度是均匀、固定不变的。此时，每项工作累计完成的任务量与时间呈线性关系。采用匀速进展横道图比较法时，其分析步骤如下：

① 编制横道图进度计划。

② 在进度计划上标出检查日期。

③ 将检查收集到的实际进度数据经加工整理后按比例用涂黑的粗线标

于计划进度的下方。

④ 对比分析实际进度与计划进度：如果涂黑的粗线右端落在检查日期左侧，表明实际进度拖后；如果涂黑的粗线右端落在检查日期右侧，表明实际进度超前；如果涂黑的粗线右端与检查日期重合，表明实际进度与计划进度一致。

2.非匀速进展横道图比较法

当工作在不同单位时间里的进展速度不相等时，累计完成的任务量与时间的关系就不可能是线性关系。此时，应采用非匀速进展横道图比较法进行工作实际进度与计划进度的比较。非匀速进展横道图比较法在用涂黑粗线表示工作实际进度的同时，还要标出其对应时刻完成任务量的累计百分比，并将该百分比与其同时刻计划完成任务量的累计百分比相比较，判断工作实际进度与计划进度之间的关系。采用非匀速进展横道图比较法时，其分析步骤如下：

① 编制横道图进度计划。

② 在横道线上方标出各主要时间工作的计划完成任务量累计百分比。

③ 在横道线下方标出相应时间工作的实际完成任务量累计百分比。

④ 用涂黑粗线标出工作的实际进度，从开始之日标起，同时反映出该工作在实施过程中的连续与间断情况。

⑤ 通过比较同一时刻实际完成任务量累计百分比和计划完成任务量累计百分比，判断工作实际进度与计划进度之间的关系：如果同一时刻横道线上方累计百分比大于横道线下方累计百分比，表明实际进度拖后，拖欠的任务量为二者之差；如果同一时刻横道线上方累计百分比小于横道线下方累计百分比，表示实际进度超前，超前的任务量为二者之差；如果同一时刻横道线上下方两个累计百分比相等，表明实际进度与计划进度一致。

（二）S形曲线比较法

S形曲线法是通过绘制曲线图来监控和分析项目进度。在这种方法中，横坐标代表时间，纵坐标代表累计完成的工作量。按照项目计划，可以绘制出一条呈 S 形的曲线，这条曲线反映了项目计划的理想进度。随着项目的进行，可以在同一坐标系中绘制实际进度的 S 形曲线。这样，通过比较计划进度和实际进度的曲线，可以直观地看出项目进展是否符合预期。

与横道图不同，S 形曲线不是在横道计划上进行比较。横道图主要展示了各个任务的开始和结束时间，以及任务之间的逻辑关系；而 S 形曲线更侧重于展示项目整体的进度趋势和累计完成的工作量。横道图适合于详细的任务层面的管理；而 S 形曲线更适用于项目层面的总体进度评估。

S 形曲线法能够提供项目整体进度的直观展示，有助于项目管理者及时发现偏差，并采取措施进行调整。通过比较计划和实际的 S 形曲线，可以清楚地看到在项目的不同阶段，进度是超前还是滞后，以及超前或滞后的程度。这种方法还有助于预测未来的进度趋势，为决策提供参考。尽管 S 形曲线在许多情况下是非常有用的，但它也有其局限性。首先，它依赖于准确的数据输入，如果任务完成情况的记录不准确，曲线就不能真实反映项目状态。其次，S 形曲线主要关注于量的累积，而对于质量、成本等其他方面的项目绩效则无法直接展示。

(三)"香蕉"曲线比较法

"香蕉"曲线实际上是由两条 S 形曲线组成，这两条曲线分别代表项目的两个不同方面或阶段，闭合形成类似香蕉的图形。这两条 S 形曲线通常表示项目计划进度与实际进度，或者是成本、资源的计划与实际情况。与单一的 S 形曲线不同，香蕉曲线通过两条曲线的相对位置和形状，能更直观地展示项目进度的偏差。例如，如果两条曲线之间的间隙较大，表明项目的实际进度与计划进度之间存在差异较大，需要采取措施进行调整。

"香蕉"曲线的主要优势在于其直观性。它能够清晰地展示出项目在不同阶段的偏差和趋势，使项目管理者能够及时发现问题并采取相应措施。此外，它也有助于项目相关方更好地理解项目的当前状态和可能的风险。尽管"香蕉"曲线比较法在某些方面非常有用，但它也有局限性。例如，它依赖于准确和及时的数据输入，且主要关注量化的进度和成本，对于项目的质量、风险等其他方面的绩效监控则不够直接。因此，它应该与其他项目管理工具和技术结合使用，以获得更全面的项目监控效果。

(四) 实际进度前锋线比较法

1. 特点及适用范围

实际进度前锋线是指计划执行的某一时刻进行的各工作实际进度到达点的连线。实际进度前锋线比较法是通过绘制某检查时刻工程项目实际进度前锋线，进行工程实际进度与计划进度比较的方法，它主要适用于时标网络计划。

2. 绘制方法

实际进度前锋线是指在原时标网络计划上，从检查时刻的时标点出发，用点划线依次将各项工作实际进展位置点连接而成的折线。它可以通过与原进度计划中各工作箭线交点的位置来判断工作实际进度与计划进度的偏差，进而判定该偏差对后续工作及总工期影响程度。

3. 分析比较步骤

采用前锋线比较法进行实际进度与计划进度的比较，其分析步骤如下：

① 绘制时标网络计划图。为了方便和清楚起见，可在时标网络计划图的上方和下方各设一个时间坐标轴。

② 绘制实际进度前锋线。一般从时标网络计划图上方时间坐标的检查日期开始绘制，依次连接相邻工作的实际进度位置点，最后与时标网络计划图下方坐标的检查点日期相连接。

工作实际进展位置点的标定方法有两种。第一种是按该工作已完成任务量比例进行标定。假定工程项目中各项工作匀速进展，根据实际进度查得检查时刻该工作已完成任务量占其计划完成总任务量的比例，在工作箭线上从左到右按相同的比例标定其实际进展位置点。第二种是按尚需作业时间进行标定。当某些工作的持续时间难以按实物工程量来计算而只能凭经验估算时，可以先估算出从检查时刻到该工作全部完成尚需作业时间，然后在该工作箭线上从右向左逆向标定其实际进展位置点。

③ 进行实际进度与计划进度的比较。前锋线可以直观地反映出检查日期有关工作实际进度与计划进度之间的关系。对某项工作来说，其实际进度与计划进度之间的关系可能存在三种情况：一是工作实际进展位置点落在检查日期的左侧，表明该工作进度拖后，拖后的时间为二者之差；二是工作实

际进展位置点与检查日期重合，表明该工作实际进度与计划进度一致；三是工作实际进度位置点落在检查日期的右侧，表明该工作实际进度超前，超前的时间为二者之差。

④ 预测进度偏差对后续工作及总工期的影响。通过实际进度与计划进度的比较来确定进度偏差后，还可根据工作的自由时差和总时差预测进度偏差对后续工作及项目总工期的影响。

三、工程项目进度计划实施中的偏差分析与调整

(一) 进度计划实施中的偏差分析

1. 分析出现进度偏差的工作是否为关键工作

如果出现进度偏差的工作位于关键线路上，即该工作为关键工作，则无论其偏差有多大，都将对后续工作和总工期产生影响，故必须采取相应的调整措施；如果出现偏差的工作是非关键工作，则需要根据进度偏差值与总时差和自由时差的关系做进一步分析。

2. 分析进度偏差是否超过总时差

如果工作的进度偏差大于该工作的总时差，则此进度偏差必将影响其后续工作和总工期，必须采取相应的调整措施；如果工作的进度偏差未超过该工作的总时差，则此进度偏差不影响总工期，至于对后续工作的影响程度，还需要根据偏差与其自由时差的关系做进一步分析。

3. 分析进度偏差是否超过自由时差

如果工作的进度偏差大于该工作的自由时差，则此进度偏差将对其后续工作产生影响，此时应根据后续工作的限制条件确定调整方法；如果工作的进度偏差未超过该工作的自由时差，则此进度偏差不影响后续工作，因此，原进度计划可以不做调整。

(二) 进度计划调整的内容

工程项目进度计划调整的内容包括调整关键线路的长短；调整非关键线路的工作时差；增减工作项目；调整逻辑关系；重新估计某些工作的持续时间；对资源的投入做相应调整等。

(三) 进度计划的调整方法

1. 改变某些工作间的逻辑关系

当工程项目实施中产生的进度偏差影响到总工期，且有关工作的逻辑关系允许改变时，可以改变关键线路和超过计划工期的非关键线路上的有关工作之间的逻辑关系，达到缩短工期的目的。例如，将顺序作业改为平行作业、搭接作业或分段组织流水作业等，都可以有效地缩短工期。

2. 缩短某些工作的持续时间

这种方法是不改变工程项目的各项工作之间的逻辑关系，而通过采取增加资源投入、提高劳动效率等措施来缩短某些工作的持续时间，使工程进度加快，以保证该工作按计划工期完成。其调整方法视限制条件及对其后续工作的影响程度的不同而有所区别：

① 如果网络计划中某些工作进度拖延时间已超过其自由时差但未超过其总时差，此时该工作的实际进度不会影响总工期，而只对其后续工作产生工作影响。按后续工作拖延的时间有无限制又分两种情况：第一种是后续工作拖延的时间无限制。后续工作拖延的时间完全被允许时，可将延后的时间参数代入原计划，并化简网络图，即可得调整方案；第二种是后续工作拖延时间有限制。后续工作不允许拖延或拖延时间有限制时，需要根据限制条件对网络计划进行调整，寻求最优方案。

② 网络计划中某些工作进度拖延的时间超过其总时差。如果网络计划中某项工作进度拖延的时间超过其总时差，则无论该工作是否为关键工作，其实际进度都将对后续工作和总工期造成影响。

③ 项目总工期允许拖延。如果项目总工期允许拖延，则此时只需以实际数据取代原计划数据，并重新绘制实际进度检查日期之后的简化网络计划即可。

④ 项目总工期不允许拖延。如果工程项目必须按照原计划工期完成，则只能采取缩短关键线路上后续工作持续时间的方法来达到调整计划的目的。

⑤ 网络计划中某些工作进度超前。在建设工程计划阶段所确定的工期目标，往往是综合考虑了各方面的因素而确定的合理工期。因此，时间上的

任何变化，无论是进度拖延还是超前，都可能造成其他目标的失控。因此，如果建设工程实施过程中出现进度超前的情况，现场施工单位进度控制人员必须综合分析进度超前对后续工作产生的影响，并同监理单位协商，提出合理的进度调整方案，以确保工期总目标的顺利实施。

3. 调整资源的投入

在进行项目管理时，资源的优化和调整对于确保项目的顺利进行至关重要。当资源供应出现异常时，比如某些关键资源的缺乏或供应中断，项目管理者必须迅速采取行动，重新评估并调整资源的分配。这种调整旨在最大限度地减少对项目进度的负面影响。

项目管理者需要对当前资源状况进行全面的审视，包括所有物料、人力和财务资源。应利用资源优化工具和技术来识别可能的调整方案，这可能包括重新分配现有资源、寻找替代资源或调整项目进度计划。例如，如果某个关键物料的供应中断，可以考虑寻找替代材料，或者重新安排工作顺序以利用当前可用的资源。紧急情况下，还可以采取应急措施，如加班、租借设备或临时聘请额外的工作人员，以确保关键任务的按时完成。这些措施虽然可能增加成本，但有助于避免更大的延误和损失。

第三节　工程项目进度控制

一、工程项目进度控制的相关知识

(一)工程项目进度控制的概念

工程项目管理有多种类型，代表不同利益方的项目管理（业主方和项目参与各方）都有进度控制的任务，但是，其控制的目标和时间范畴是不同的。工程项目是在动态条件下实施的，因此进度控制也必须是一个动态的管理过程，它包括进度目标的分析和论证，在收集资料和调查研究的基础上编制进度计划和对进度计划的跟踪检查与调整。如只重视进度计划的编制，而不重视进度计划必要的调整，则进度无法得到控制。为了实现进度目标，进度控制的过程也就是随着项目的进展，进度计划不断调整的过程。因此，工程项目的进度控制是指对工程建设各阶段的工作内容、工作程序、持续时间及衔接关系的管理，这是基于进度总目标和资源优化配置原则而制定的。它包括编制计划并将其付诸实施，以及在实施过程中定期检查实际进度是否符合计划要求。若发现偏差，需进行分析并采取补救措施，或调整并修改原计划后重新实施。这一过程是循环进行的，直至建设工程竣工验收并交付使用。进度控制的主要目的是通过有效的控制手段实现工程的进度目标，确保工程项目按计划完成。

(二) 工程项目进度控制的任务

1. 业主方进度控制任务

业主方进度控制的任务是控制整个项目实施阶段的进度，包括控制设计准备阶段的工作进度、设计工作进度、施工进度、物资采购工作进度，以及项目动用前准备阶段的工作进度。

2. 设计方进度控制任务

设计方进度控制的任务是依据设计任务委托合同对设计工作进度的要求控制设计工作进度，这是设计方履行合同应尽的义务。另外，设计方应尽可能使设计工作的进度与招标、施工和物资采购等工作进度相协调。在国际上，设计进度计划主要是确定各设计阶段的设计图纸 (包括有关的说明) 的出图计划，在出图计划中标明每张图纸的出图日期。

3. 施工方进度控制任务

施工方进度控制的任务是依据施工任务委托合同对施工进度的要求控制施工工作进度，这是施工方履行合同应尽的义务。在进度计划编制方面，施工方应视项目的特点和施工进度控制的需要，编制深度不同的控制性的和直接指导项目施工的进度计划，以及按不同计划周期编制的计划，如年度、季度月度和旬计划等。

4. 供货方进度控制任务

供货方进度控制的任务是依据供货合同对供货的要求控制供货工作进度，这是供货方履行合同应尽的义务。供货进度计划应包括供货的所有环节，如采购、加工制造、运输等。

（三）工程项目进度控制措施

工程项目进度控制措施主要包括组织措施、管理措施、经济措施与技术措施。

1. 组织措施

工程项目进度控制的组织措施：

① 建立健全项目管理的组织体系。

② 在项目组织结构中设置专门的工作部门和进度控制专人负责制度。

③ 编制和落实项目管理组织设计的任务分工表。

④ 编制项目进度控制的工作流程，如确定项目进度计划系统的组成。各类进度计划的编制程序、审批程序和计划调整程序等。

⑤ 组织设计有关进度控制会议，把会议作为进度组织和协调的重要手段。

2. 管理措施

工程项目进度控制的管理措施涉及管理的思想、管理的方法、管理的手段、承发包模式、合同管理和风险管理等。应在理顺组织的前提下，实施科学和严谨的管理。

① 在工程项目管理观念方面应建立进度计划系统的观念、动态控制的观念、进度计划多方案比较和选优的观念，以便在进度计划中体现资源的合理使用、工作面的合理安排，有利于合理地缩短建设周期。

② 充分利用网络计划编制进度计划，借助计算机实现进度控制的科学化。

③ 承发包模式的选择直接关系到工程项目实施的组织和协调。为了实现进度目标，应选择合理的合同结构，以避免过多的合同交界面而影响工程的进展。工程物资的采购模式对进度也有直接的影响，对此也应比较分析。

④ 注意分析影响工程项目进度的风险，并在分析的基础上采取风险管理措施，以减少进度失控的风险量。常见的影响项目进度的风险，包括组织风险、管理风险、合同风险、资源（人力、物力和财力）风险、技术风险等。

⑤ 重视信息技术（包括相应的软件、局域网、互联网以及数据处理设备）在进度控制中的应用。虽然信息技术对进度控制而言只是一种管理手段，

但它的应用有利于提高速度信息处理的效率、提高速度信息的透明度、促进进度信息的交流和项目各参与方的协同工作。

3. 经济措施

工程项目进度控制的经济措施涉及资金需求计划、资金供应的条件和经济激励措施等。

① 为确保进度目标的实现，应编制与进度计划相适应的资源需求计划(资源进度计划)，包括资金需求计划和其他资源(人力和物力资源)需求计划，以反映工程实施的各时段所需要的资源。通过资源需求的分析，可发现所编制的进度计划实现的可能性，若资源条件不具备，则应调整进度计划。资金需求计划也是工程融资的重要依据。

② 资金供应条件包括可能的资金总供应量、资金来源(自有资金和外来资金)以及资金供应的时间。

③ 在工程预算中应考虑加快工程进度所需要的资金，其中包括为实现进度目标而采取的经济激励措施所需要的费用。

4. 技术措施

建设项目进度控制的技术措施涉及对实现进度目标有利的设计技术和施工技术的选用。

① 不同的设计理念、设计技术路线、设计方案会对工程进度产生不同的影响。在设计工作的前期，特别是在设计方案评审和选用时，应对设计技术与工程进度的关系做分析比较。在工程进度受阻时，应分析是否存在设计技术的影响因素。

② 施工方案对工程进度有直接的影响，在决策其选用时，不仅应分析技术的先进性和经济合理性，还应考虑其对进度的影响。在工程进度受阻时，应分析是否存在施工技术的影响因素，为实现进度目标有无改变施工技术、施工方法和施工机械的可能性。

二、计算机辅助工程项目进度控制

从 20 世纪 70 年代末到 80 年代初开始，中国开始研发进度计划编制软件，标志着计算机辅助工程项目进度控制的起步。这些早期的软件，主要基于网络计划原理，为建设项目的进度管理提供了强有力的工具。随着时间的推移，这些技术逐渐成熟，为工程项目的管理带来了革命性的变化。

在计算机辅助进度控制的早期阶段，主要目标是将传统的手动进度计划方法转换为自动化处理。这些软件能够处理复杂的数据，帮助项目管理者制订更加精确和高效的工作计划。例如，通过使用这些软件，管理者可以轻松地确定网络计划的时间参数，包括项目的开始日期、结束日期，以及关键路径。这些功能显著提高了计划的准确性，缩短了项目规划阶段的时间，从而为项目管理提供了巨大的便利。随着技术的发展，计算机辅助进度控制不仅仅局限于项目计划的编制。现代的项目管理软件集成了更多功能，如资源分配、成本控制和风险管理。这些软件能够同时处理多个项目的进度控制，允许项目管理者进行更为复杂的数据分析和决策。例如，项目管理者可以通过这些工具对不同的项目计划方案进行模拟，评估不同方案对项目进度的影响，从而作出最佳决策。

近年来，随着互联网技术的飞速发展，项目信息门户已经成为工程项目进度控制中不可或缺的一部分。这些基于互联网的平台极大地便利了项目信息的获取和共享，推动了项目管理向更高的透明度和效率迈进。业主方、承包商、供应商及其他相关利益方能够通过这些平台实时获取项目的最新进展，确保各参与方对项目状态有一致的认识和理解。例如，项目进度更新可以及时发布在项目门户网站上，从而允许所有参与方随时了解最新的项目信息。这种及时更新的机制使得项目管理更加动态化并且适应性更强，提高了决策的及时性和准确性。此外，实时共享的信息还有助于减少误解和沟通成本，因为所有相关人员都可以直接从同一来源获取一致的数据和信息。这些基于互联网的项目信息门户还为远程工作和协作提供了极大的便利。在当今全球化和分散化的工作环境中，项目团队成员可能遍布全球各地。通过这些门户网站，团队成员不受地理位置的限制，可以远程协作，共享信息和文档，进行在线会议和讨论。这种远程工作模式不仅提高了工作效率，还使得团队能够利用不同时区的优势，实现 24 小时不间断的工作流程。

除此之外，互联网项目信息门户还支持高度定制化的信息展示和管理功能。项目管理者可以根据需要设置不同的权限和访问级别，确保信息的安全性和保密性。这些平台通常还具备强大的数据分析和报告功能，使管理者能够轻松生成各种报告，对项目进度和表现进行综合评估。进一步地，这些门户网站还能与其他管理工具和软件集成，如财务管理系统、资源管理工具等，为项目管理提供一个全面的解决方案。这种集成不仅提高了数据处理的效率，还减少了数据错误和不一致性的风险。在风险管理方面，项目信息门户也发挥着重要作用。通过实时监控项目进度和性能，管理者可以及时识别潜在的风险和问题，采取预防措施，避免或减轻不利影响。例如，如果项目进度落后于计划，系统可以自动警告管理者，使他们能够及时调整计划或资源分配，以确保项目按时完成。

未来，随着人工智能和机器学习技术的不断进步，未来的项目信息门户有可能提供更加智能化的功能，如预测项目的潜在风险，自动优化资源分配，甚至提出改进项目管理流程的建议。这些技术的融入将使项目管理更加高效、准确和富有前瞻性。

第六章　工程项目综合管理

第一节　工程项目资源管理

工程项目资源，是指施工生产过程中的人力、材料、机械、技术和资金等生产要素，是工程项目输入的基本元素。工程项目资源管理旨在根据项目的目标特点和工作条件，有序且有效地组织和管理这些资源，以实现项目管理的最终目标。

一、工程项目人力资源管理

(一) 工程项目人力资源管理概念

人力资源是指具有脑力劳动和体力劳动的个体，其特点在于可再生性、在项目实施中居于主导地位的能动性和时效性。因此，人力资源作为项目实施过程中最基本、最关键、最具创造性的资源，是决定项目成效的重要因素。

工程项目人力资源管理旨在提高工作效率，高质量地完成客户委托的目标。这一过程通过科学合理地分配人力资源，实现人力资源与工作任务之间的优化配置，调动个体积极性，对工程项目人力资源进行计划、获取和发展的管理。在这个过程中，重视人力资源的规划和培养，有助于保障项目的顺利进行，提高工作效能，同时也能更好地满足客户需求。

(二) 工程项目人力资源管理的特点

工程项目人力资源管理作为企业人力资源管理的一部分，有其自身的特点。

1. 管理对象复杂

建筑企业通常实施管理层与作业层的分离策略。当组建项目团队时，管理的对象不仅涵盖工程技术、工程经济、工程施工、项目管理等专业领域的技术人才，还包含众多不同工种的建筑工人。除了企业内部的少量高级技术工人之外，大多数劳动力是通过劳务市场招聘或劳务外包获得的。因此，工程项目人力资源管理既涵盖对各工种建筑工人的管理，也包含对劳务分包企业的管理。

2. 受项目组织结构形式的影响较大

工程项目的组织形式通常有职能式、项目式和矩阵式等。不同的组织形式对人力资源管理的主要工作有显著影响。例如，在职能式组织中，人力资源管理可能更加专注于技能的匹配和任务分配，而在项目式组织中，则可能更侧重于团队协作和项目目标的实现。

3. 与项目的规模和工作周期密切相关

对于小规模、周期短的工程项目，人力资源管理可能不会太过关注团队的长期发展。然而，对于规模较大、周期较长的项目，团队的发展和调整则成为关键的管理内容。在这类项目中，不仅要考虑短期目标的实现，还需要关注团队成员的长期成长和职业发展，以及团队整体的稳定性和适应性。

(三) 工程项目人力资源管理的内容

1. 项目团队的组建与管理

项目团队由一群共同为实现项目目标而努力的成员组成，在项目执行过程中，他们需要协同合作，共担责任。这个团队由具有不同技能和责任的成员构成，他们之间既有明确的分工，又需要彼此信任和协作。构建一个有效的项目团队需要明确团队成员的角色和职责，这是确保项目顺利进行的基础。

在项目团队的组建阶段，首要任务是制订项目组织计划，明确团队成员的角色和职责，确保团队成员的配置符合项目的需求。在现代项目管理中，关键的一步是选择合适的项目经理和团队成员。项目经理的角色至关重要，他们不仅要具备出色的领导和管理能力，还要有良好的道德素养、丰富的知识和经验，以及良好的身体素质。一个优秀的项目经理能够通过一系列的管理活动，带领团队实现项目目标，满足项目相关方的期望。此外，团队成员之间的相互了解和熟悉也非常重要，这有助于明确他们在项目团队中的角色和职责，促进团队内部的协作和沟通。

2. 劳动力的获取与管理

随着国家和建筑行业用工制度的不断改革，建筑企业已逐步发展出多样化的用工模式，这些模式包括固定工、合同工及临时工，形成了一种灵活多变的用工结构。这种结构使得企业能够根据工程项目的实际需要，灵活调整劳动力的规模，如在施工任务增多时，增聘合同工或农村建筑队伍，而在任务减少时则相应减少用工，以避免产生无效劳动或资源浪费。

在劳动力的管理方面，建筑业企业主要依赖社会劳动力市场。大多数劳动力不是固定工，而是通过企业从劳务市场招聘而来，或由劳务分包企业提供。这些企业通常会承包特定的劳动任务，并按照项目计划向项目管理部门供应所需的劳动力。这种做法为企业提供了灵活性，同时也带来了对劳动力质量和效率的管理挑战。

为了有效提升劳动生产率，建筑企业还需要设计有效的劳动激励计划。这些激励手段通常包括行为激励和经济激励两大类。行为激励旨在创造一个健康、积极的工作环境，鼓励员工更好地投入到工作中。经济激励则通过提供经济上的奖励，激发员工的工作热情，提高他们的满意度和工作效率。综合运用这些激励手段，可以有效提升劳动力的整体生产力，为工程项目的顺利完成提供坚实保障。

二、工程项目材料管理

(一) 工程项目材料管理概念

在工程项目中，材料的管理工作依照既定的规则和方法，对施工所需各类物资进行有效的供给、管理及使用。其核心目标是以最优的成本实现材料的及时、足量、合质和完整配套供应，确保各项施工任务的顺利进行。

材料管理伴随工程项目管理的始终，包括投标报价、明确施工方案、组织项目团队、拟定物料计划、进行材料核算及执行奖惩措施等。此外，材料管理对于工程项目的顺利完成及经济效益的增长，具有不可忽视的重要作用。

(二) 工程项目材料分类

在工程项目中，材料的多样性和数量庞大是一个显著特点，这些材料在使用、储存和规划管理方面均有所差异。为了更高效地管理和利用这些材料，进行科学合理的分类变得尤为关键。

在建筑材料的分类方法中，最为常见的是根据其在生产中的使用价值来划分，这通常包括高等使用价值、中等使用价值和低等使用价值三种类型。这样的分类可以通过 ABC 分析法来实现。实施 ABC 分析法的前提是，工程项目需具备一份包含每种材料的物理量（包括标准损耗）、单价和总成本的详细清单。ABC 分析法强调有选择的控制标准，即不同种类的材料在采购、储存、发放和控制方面应有不同的关注程度。

ABC 分析法通常适用于常规存货管理。研究显示，常规存货可以划分为三个组别：A 组，占存货成本累计比重的 0 至 80%，但在所有材料品种中只占 5% 至 15%；B 组，占存货成本累计比重的 80% 至 90%，在所有材料品种中占 15% 至 25%；C 组，则占存货成本累计比重的 90% 至 100%，但在所有材料品种中占 65% 至 75%。

对于 A 类物资，应实行重点控制，尽可能缩短补货周期，增加采购频次，以加快资金周转，同时在保证施工生产的前提下，最大程度地节约和减少资金占用。B 类物资则需要适度控制，根据供应情况和订货能力，适当延长订购周期，减少订购次数。对于 C 类物资，可以放宽控制，集中进行大量订货。

ABC 分析法为制定材料供应政策，制订和控制采购计划、存货计划，质量检验，以及仓库保管方面提供了重要的参考依据。这种方法不仅能够更有效地管理工程项目的材料，还能在保证工程质量的同时，优化资源的使用，提高整体的经济效益。

(三) 工程项目材料供应形式

在我国，工程项目中材料的供应主要呈现两种方式：一是由业主方直接提供，二是由施工企业自行负责采购。

1. 业主方提供

业主方提供，是指业主会根据项目管理模式及材料市场的供应状况，挑选一些技术要求较高、价值较大的材料进行自行采购，并供给施工单位使用。业主采购的材料信息需要以书面形式传达给施工单位，明确材料的名称、型号、规格、质量标准、技术要求以及数量。同时，业主还需提供相关的订单合同副本、招标文件、投标文件以及货物交接的清单等资料。当这些材料到达施工现场时，业主方需提前通知施工项目部，安排工程师参与验收，并协助确定卸货地点，以减少现场搬运工作。

2. 施工企业采购

施工企业采购，是指施工企业需根据设计要求和施工项目的管理规划来组织采购。企业在进行采购时，应考虑材料的批量和价值，从而决定是通过企业集中采购还是由项目部单独采购。在采购过程中，施工企业应确保所采购材料符合设计规范和工程要求，以确保工程项目的顺利实施。

无论是业主方提供还是施工企业采购，材料供应的方式都应确保材料的质量和供应的及时性，以保障工程项目的顺利进行。业主方的直接供应通常针对特殊材料，确保其符合技术规范和质量要求；而施工企业的采购则更加灵活，可根据项目需求和市场状况灵活调整，有效控制成本。两种方式各有利弊，应根据具体工程项目的特点和需求灵活选择。

(四) 施工现场材料管理

在工程项目中，材料的管理是一个完整的过程，从材料进入施工现场开始，直至项目完结并清理现场时结束。在这一过程中，材料管理的有效性对于工程的顺利进行至关重要。

1. 现场材料管理责任

在施工项目中，项目经理承担着材料管理的总体领导职责。他们不仅需要确保材料的及时供应，还要监督材料的合理使用和存储。项目经理部下设有专职的材料管理人员，这些人员直接负责现场的材料管理工作。他们的主要职责是监控材料的流动，确保材料按照既定规范被妥善使用和储存。此外，每个班组中也应有指定的料具员，他们在材料主管的业务指导下工作，协助班组长组织并监督班组内的材料领用和退还。料具员需确保班组成员合理、高效地使用材料，避免浪费。

为了保证材料管理的高效运行，现场材料人员应建立一个明确的岗位责任制。这一制度不仅明确了每个职位的职责，还有助于提高材料管理的透明度和可追溯性。这种方式可以有效避免材料的浪费和滥用，确保工程项目的顺利进行。

2. 现场材料管理内容

（1）材料计划管理

在项目启动之前，项目团队应向企业的材料部门提交详细的一次性材料计划，这一计划将作为备料和供应的依据。随着工程的推进，根据可能出现的工程变更和施工预算的调整，项目团队需及时向材料部门提出调整后的月度供料计划。这样可以确保材料供应的灵活性和及时性。另外，施工设施用料计划也应按预定的使用期限提前制订并报告给供应部门，以保证材料的及时到达。为了不断优化材料供应，项目团队应每月对材料计划的执行情况进行检查，及时做出必要的调整和改进。

（2）材料验收

在验收材料前，工作人员需严格核对材料计划、运输凭证、质量保证书或产品合格证，确保所供应的材料与要求相符。此外，对于进场材料的质量，应进行仔细的验收记录，以保障工程质量的可靠性。

（3）材料的储存与保管

所有入库的材料都应经过严格验收，并建立详细的台账记录。在现场，必须对材料进行全面的保护，包括防火、防盗、防雨、防止变质和损坏。同时，施工现场的材料放置需要符合制定的堆放和保管规定，位置应准确，保管处置得当。此外，项目团队应定期对材料的数量、质量和有效期限进行盘查核对，确保账物相符。对于盘查中发现的问题，应进行原因分析，提出处理意见，并做好处理结果的反馈，以便及时纠正和改进。

（4）材料领发

对于工程项目中的材料领取与发放，必须遵循严格的程序，并明确相关责任。对于设定了定额的工程用料，工作人员应凭借限额领料单来领取材料。对于施工设施的用料，则实行定额发料制度，严格按照用料计划进行管理。若实际用量超出限额，需提前填写限额领料单，并详细说明超出原因，经过相关负责人审批后方可领取。此外，为有效监控材料的领发情况，应建立完善的领发材料台账，记录材料的领用情况，以及节约和超限的情况。

(5) 材料使用监督

对于工程项目现场的材料使用，项目管理人员应执行严格的监督职责，这包括确保材料的合理使用，严格遵守配合工艺的规定，认真执行领发材料的程序，以及进行用料交底和工序交接等。这样的监督不仅保证了材料的合理使用，还能确保整个工程流程的顺畅和高效。

(6) 材料回收

在施工过程中，对剩余材料的回收是不可或缺的一环。剩余材料应及时进行退料处理，并在限额领料单中进行相应扣除记录。对于余料，应按照供应部门的安排进行妥善处理，包括调拨和退料等。同时，对于设施用料、包装物及容器等，在使用周期结束后，也应组织回收。为了确保回收工作的有效性，建立回收台账是必要的，这有助于处理好材料的经济关系。

(7) 周转材料的现场管理

在工程项目现场，周转材料如模板、脚手架、卡具等同样需得到妥善管理。项目经理部根据工程的具体特点，应编制详尽的周转材料使用计划，并提交给企业相关部门或租赁单位。这些部门负责材料的加工、购置，并及时提供租赁服务。与此同时，项目部需与相关部门签订租赁合同，确保周转材料的有效利用和管理。

三、工程项目施工机械管理

(一) 工程项目施工机械管理概念

工程项目施工机械设备，无论是大型、中型还是小型，都是施工现场不可或缺的一部分，它们不仅参与日常作业，还维护着工程的正常运行。特别是在技术含量高、对工作效率要求严格的现代工程项目中，这些机械设备展示出了它们的独特价值。它们能够完成人力难以承担的任务，极大地加快施工进度，节约劳动力，提升生产效率，并确保工程项目的质量与安全。

对于这些机械设备的管理，涵盖其整个运动周期。这个管理过程从选择合适的施工机械设备开始，延伸至设备的使用、磨损、修理、改造和更新，直到设备报废退出生产领域。因此，工程项目施工机械管理的核心任务是多方面的。首先，管理者需要做出正确的机械设备选择决策。其次，确保这些机械在生产领域中始终保持良好状态至关重要。此外，减少设备的闲置和损坏，提高其使用效率及产出水平也是管理过程中不可忽视的重要组成部分。

(二) 施工机械的选择与获取

在工程项目施工中，机械管理是一个极为关键的环节。项目经理部在制订机械设备使用计划时，必须先行对施工设备进行技术与经济的深入分析。这一过程要求精准选择那些既能满足生产需求，又有先进技术且经济实惠的设备。此外，结合工程项目的具体管理规划，项目经理部还需综合分析购买与租赁设备的各项经济效益，兼顾多种因素，以达到最佳的效果。

工程项目所需的施工机械设备的获取方式多样，主要包括以下几种：一是可以从本企业拥有的专业机械租赁公司租用已有的施工机械设备；二是从社会上的建筑机械设备租赁市场租用所需设备；三是进入施工现场的分包工程施工队伍可以自带所需的施工机械设备；四是企业也可以为特定工程项目新购买施工机械设备。

至于租赁的设备，无论是从本企业租赁还是从社会租赁市场上租用，租赁单位必须具备相应的资质。在租用设备前，租赁双方应签订租赁协议或合同，明确彼此对施工机械设备的管理责任和义务。至于分包单位自带的设备，其中的中小型设备一般视作本企业自有设备进行管理。至于大型起重机械和特种设备，通常按照外租机械设备的管理办法来执行机务管理。

至于新购买的设备，特别是大型机械和特殊设备，在购买前应进行深入的调研，并制作技术经济可行性分析报告。这些报告需经过相关领导和专业管理部门的审批后，才能进行购买。至于中小型设备的采购，则应在调研的基础上，优选那些性能与价格比较好的设备。

(三) 机械设备管理

一旦机械设备被运至施工现场，首要任务便是进行周密的调试和维护。在设备正式启用之前，项目部的设备管理人员应与机械设备主管企业的机务及安全人员联合，对设备进行全面的检查和验收。在此过程中，还需与机组人员共同合作，以确保设备的完备性和安全性，并做好检查验收的详细记录。设备只有在验收合格后，才能正式投入使用。

为了确保施工机械设备在最佳状态下运行，需合理配备经过专业培训的操作人员，并实施机械设备使用与保养的责任制。操作人员必须通过专业培训，并在有效期内取得相关部门注册的操作证，并定期通过年审，确保所操作的机械类型与持证允许的机种相符合。此外，还应建立一套有效的考核制度，以奖励优秀的操作人员，惩戒不达标的表现，确保机组人员严格遵守规范，发挥最佳工作业绩。

操作人员在开机前、使用中及停机后，均需严格按照规定的项目和要求，对施工设备进行细致的检查和保养。这包括例行的清洁、润滑、调整、坚固和防腐工作，以保持施工设备的良好状态。这种严格的管理不仅能提高施工设备的使用效率，减少使用成本，还能实现良好的经济效益，保障施工的顺利进行。

四、工程项目技术管理

(一) 工程项目技术管理概念

技术的范畴十分广泛，涵盖操作技巧、劳动工具、工作者素养、生产流程、试验检验、管理流程及方法等多个方面。所有的物质生产活动，无一例外，都基于特定的技术基础，并在既定的技术要求和标准的指导下展开。

工程项目技术管理，是指项目经理部在生产和经营活动中，对各种技术活动及相关技术要素进行的系统性管理。所谓技术活动，包括技术规划、应用、评估等环节；而技术要素则涉及技术人才、设备、规模、资料等方面。

项目经理部在建立技术管理体系时，须在企业总工程师及技术管理部门的指导和协助下进行。这一体系必须遵循企业的管理制度，并根据实际情况制定具有针对性的技术管理规定。这些特定的管理规定由项目经理部拟定，并须提交给企业总工程师审批。这样的管理机制可以确保工程项目在技术方面的高效和标准化，为项目的顺利实施提供坚实的技术支持。

(二) 工程项目技术管理内容

工程项目的技术管理是一项复杂而细致的任务，涉及众多环节，旨在确保工程的质量与效率。在企业管理层的指导下，工程项目的技术管理体系成为企业技术管理的重要组成部分。以下是工程项目技术管理的主要内容：

1. 技术管理基础性工作

技术管理的基础工作重点是建立并执行技术责任制，确保技术标准与规程得到遵循。同时，还需制定技术管理制度，进行科学研究，交流技术信息，并加强技术文件的管理，以保障所有工程活动都在规定的技术范围内进行。

2. 施工过程的技术管理工作

这一环节关注施工组织的设计、施工工艺的管理、材料试验与检验，以及计量工具与设备的技术核定。此外，技术检查与验收，以及技术问题的处理，也是此环节的关键组成部分。

3. 技术开发管理工作

技术开发管理涵盖技术培训、技术革新和改造、合理化建议，以及技术攻关等方面。这一部分的目的在于不断提升团队的技术能力，推动技术创新，从而提高整个工程项目的技术水平和效率。

4. 技术经济分析与评价

技术经济分析与评价是通过对技术方案的经济性进行分析，评估其成本效益，以确保工程项目在经济上的可行性和效益最大化。这一环节帮助项目团队做出更加合理的技术决策。

(三) 施工项目的主要技术管理制度

工程项目的技术管理制度，作为技术管理的基本规律和工作经验的集合体，对于确保工程项目的科学组织和技术管理任务的顺利完成起着至关重要的作用。该制度的建立和完善，旨在通过严格的管理手段，将技术工作有序地展开。下面是施工项目技术管理制度的主要内容：

① 图纸会审制度：该制度要求对工程图纸进行详尽的审查，确保设计的准确性和可行性，从而为工程施工提供坚实的技术基础。

②施工组织设计管理制度：这一制度着重于施工过程的组织设计，包括施工流程的规划、资源的合理配置，以及施工方法的优化等，以保证施工过程的高效和有序。

③技术交底制度：该制度确保所有参与施工的人员充分理解工程项目的技术要求和操作规程，以保证施工的质量和安全。

④材料与设备检验制度：此制度要求对施工项目使用的所有材料和设备进行严格的检验，以确保它们的质量符合标准。

⑤工程质量检查及验收制度：该制度通过对工程质量的持续检查和最终验收，确保工程项目的质量达到预定标准。

⑥技术组织措施计划制度：该制度旨在确保技术组织措施得到充分规划，以应对各种可能出现的技术难题。

⑦工程施工技术资料管理制度：这一制度强调对工程施工过程中产生的所有技术资料进行有效管理，以便于对资料的追溯和未来参考。

⑧其他相关技术管理制度：包括一系列细化的技术管理规定，以确保技术工作的全面覆盖和细致实施。

此外，为了鼓励技术管理的全员参与，还设立了技术革新和合理化建议管理办法、工程质量奖惩办法、技术发明奖励办法等。这些办法旨在激励员工积极参与技术管理，通过奖惩机制和激励措施，提升工程项目的技术水平和整体效率。

(四) 项目经理部的技术管理工作要求

在建筑行业中，项目经理部的技术管理职责至关重要。项目经理部的技术管理工作要求如下：

①针对各项建设工程，项目经理部应依据技术标准和技术规程，以及建筑企业新兴的技术管理体系，制定和实施自己的技术管理制度。这一制度的核心在于根据项目的规模和复杂度，指派合适的技术负责人，并构建一个高效的内部技术管理体系，该体系需与企业的总体技术管理框架相融合。

②执行技术政策是项目经理部的又一项重要职责。项目经理部应积极接受并实施企业的技术指导，并利用各种技术服务资源。这不仅包括建立并执行一个全面的技术管理制度，而且涉及对技术管理职责的明确划分。具体

而言，应明确技术负责人的职责，以及技术人员和各专业岗位人员的技术责任。

③ 在项目实施过程中，项目经理部需审查所有设计图纸，并积极参与设计的会审过程。若有必要，向设计师提出工程变更的书面洽商资料。此外，编制技术方案和技术措施计划，也是项目经理部不可或缺的职责。项目经理部应确保这些方案和计划的实施，并进行必要的书面技术交底。

④ 工程的预验收、隐蔽工程验收及分项工程验收，都需要项目经理部的参与和监督。在这一过程中，技术措施的实施计划也应得到严格执行。为保障项目质量和进度，项目经理部还需收集、整理并妥善保管所有技术资料。

⑤ 对于分包商的技术管理工作，项目经理部同样承担着重要职责。项目经理部需将分包商的技术管理工作纳入项目的整体技术管理体系中，对分包商的工作进行细致的系统管理和过程控制。通过这样的全面管理，确保项目的顺利进行，同时提升整体工程的技术水平和管理效率。

五、工程项目资金管理

(一) 工程项目资金管理的概念

资金不仅是企业开展生产经营活动的必要条件，也是其物质基础。在工程项目中，资金管理的重要性体现在它直接影响项目的经济效益，进而影响企业整体的经济效果。

为了有效管理工程项目的资金，必须确保收入的稳定、支出的合理控制、风险的有效防范及经济效益的最大化。在这个过程中，大型建筑业企业通常会在其财务部门设置专门的项目账号，以便更好地管理企业资金，保证资金使用的高效性。这种做法允许财务部门对所承建的工程项目进行资金收支的预测，统一管理对外的收支与结算，及时回收资金，并对项目经理部的资金使用进行有效的管理、服务及激励。

项目经理部在工程项目资金管理中担任重要角色。它负责项目资金的使用管理，确保每一笔资金都得到合理、高效的使用。通过这样的管理体系，项目经理部不仅能够确保项目的顺利实施，还能为企业创造更大的经济价值。

(二) 工程项目资金管理内容

工程项目的资金管理是一项综合性较强的任务，它要求项目经理部制订详尽的年度、季度和月度资金收支计划，并提交给企业财务部门审批后执行。这个过程涵盖多个方面：

1. 资金收入预测

项目的资金主要来源于按照项目合同价的收取。项目经理部应从工程预付款的收取开始，根据工程进度每月定期收取款项，直至工程最终竣工结算。为此，需依据施工进度计划和合同，预测收入的数额和时间，并绘制相应的收入预测表及图表。这一步骤帮助项目在筹措资金、加快资金周转和合理安排资金使用方面提供科学依据。

2. 资金支出预测

支出预测的依据包括成本费用控制计划、施工组织设计和材料物资储备计划等。基于这些依据，可以预测随着工程实施而增加的每月人工费、材料费、机械设备使用费，以及其他直接费用和施工管理费。在编制资金支出预测时，要考虑资金的时间价值，从而合理安排资金调度。

3. 项目资金的筹措

一般情况下，项目所需资金的来源在承包合同中规定，可能包括发包方提供的工程备料款和分期结算款。施工企业可能需要垫支一部分自有资金，但要严格控制占用的时间和数量。因此，项目资金的来源渠道包括自有资金、预收款、工程款结算、银行贷款等。

项目经理部还需依据企业的用款计划控制资金使用，严格遵守会计制度，设立财务台账，记录资金支出情况，加强财务核算，及时盘点盈亏。此外，应定期举行碰头会，讨论工程进度、配合关系和资金收付等问题。项目竣工后，项目经理部需结合成本核算分析进行资金管理和经济效益总结，并上报给企业财务主管部门。企业应根据项目的资金管理效果对项目经理部进行相应的奖励或惩罚。通过这样全面细致的管理，可以确保工程项目在资金管理方面的高效运作，从而提高整个企业的经济效益。

第二节 工程项目沟通管理

一、沟通的概念、过程、要素及原则

(一) 项目沟通的概念

沟通本质上是人与人之间思想和信息交换的过程。著名的组织管理学家巴纳德指出，沟通是将组织成员联结起来，共同实现目标的关键手段。沟通的本质可以被理解为：

① 相互理解的过程。

② 提出和回应问题与要求的交流。

③ 信息和思想的交换。

④ 有意识的互动行为。

沟通不仅涉及两人之间的互动，还可以是群体之间的交流。它是双向的，依赖于通用符号，可以通过口头、书面，或使用各种媒介如电话、电邮、信件、备忘录、电视会议或群体系统等进行。沟通既可以是正式的，如会议报告，也可以是非正式的，如电子邮件信息。

项目沟通特指在项目环境中，干系人间的问题讨论、项目进展的信息共享。它发生在项目团队与客户、团队成员之间，以及团队与管理层之间，是确保项目成功的关键要素。

(二) 项目沟通管理的概念

在项目管理领域，沟通管理并非单纯的人际交流技巧，它更多地关注沟通过程的高效管理。项目沟通管理涵盖一系列过程，这些过程确保项目信息及时、恰当的生成、搜集、发布、传播、存储及其最终的处理。

项目沟通管理被视为项目管理中的一个关键知识领域。它强调沟通能力是项目经理最为核心的技能，甚至超越了技术、谈判和团队建设能力。即便是非技术领域的专家，只要具备卓越的沟通技巧，也有可能在项目中取得成功。而技术精湛但沟通能力欠缺的专家，往往难以实现项目的成功。项目经理的主要职责并非亲自解决技术问题，而是通过沟通来组织和协调专家团队的工作。

管理的四大职能——计划、组织、领导、控制，其核心皆为沟通。沟通是实现管理职能的主要方式、方法、手段和途径。在管理的实践过程中，沟通也就是管理的过程。通过有效沟通，项目经理能够理解客户需求，整合资源，提供出符合需求的产品和服务，为企业和社会创造价值和财富。

在企业结构日益复杂的情况下，沟通的挑战也随之增加。基层员工的建设性意见可能在传递过程中遭到阻滞，而高层决策的精准传达也常面临着在不同层间失真的风险。因此，强化沟通管理，确保信息的有效流通，对于任何组织来说都是至关重要的。

（三）项目沟通管理的意义

在工程项目中，尤其是大型工程项目，涉及的参建单位众多，如 PMC、EPC 及多级分包商等。这些项目团队在交流时，内容广泛涉及设计方案、工程进度、安全质量、变更索赔等多个方面，因此，沟通的信息量庞大且处理起来极为复杂。在这种背景下，高效的项目沟通显得尤为关键。有效的沟通不仅是人、思想和信息之间的桥梁，也是实施各方面项目管理的纽带，更是确保项目成功的关键。项目的顺利进行依赖于有效沟通，以确保在适当的时间、以合适的成本和方式，让恰当的人员获取必要的信息。沟通主要具有以下重要性：

① 沟通是制定决策和制订计划的基础。

② 沟通作为组织和控制的依据和工具，其重要性不言而喻。

③ 在建立和改善人际关系方面，沟通是不可或缺的条件。

④ 对于项目经理而言，沟通是其成功领导的重要工具。

（四）项目沟通的过程

项目沟通管理的核心在于确保项目信息的及时产生、收集、发布、传递、存储及最终的合理配置。这一过程包括信息的创造、收集和应用。项目沟通管理主要通过以下四个步骤来实现：

1.编制沟通管理计划

这一阶段的关键是明确项目利益相关者对信息和沟通的需求。它涉及规划和管理项目在整个生命周期中的信息沟通内容、方式和渠道等各个方面。

2. 信息的传递

在此阶段，关键是在合适的时间，通过恰当的方式，向合适的人传达合适的信息。

3. 绩效报告

绩效报告是收集和分发项目绩效信息的持续过程。这一过程的输出主要包括状态报告、进度报告、项目预测和变更请求等。状态报告侧重于使用量化数据从范围、时间和成本三个方面说明项目当前状态；进度报告则描述在特定时间段内完成的工作；项目预测基于当前项目状况和历史数据来预估未来的情况；变更请求则是对必要或预期变化的响应。

4. 管理项目收尾

在项目收尾阶段，主要任务是建立、收集和分发与项目正式结束相关的信息。

这四个过程不仅相互作用，而且还与其他知识领域的过程交互影响，共同推动项目沟通管理的有效进行。

二、项目中的几种重要沟通

在项目实行的过程中，项目组织系统内部各单元之间的界面沟通是关键环节。项目经理及其所在的项目经理部成为整个项目组织沟通的枢纽。环绕着项目经理和项目经理部，存在几种至关重要的沟通。

(一) 项目经理与业主的沟通

业主作为项目的拥有者，承担着整个工程项目的全部责任，并行使着项目的最高权力。业主不直接细致地管理项目，而是进行宏观的、总体的控制和决策。项目经理代表业主管理项目，须遵从业主的决策、指示和对工程项目的干预。为了项目的顺利成功并获得业主满意，项目经理需获得业主的支持，并与业主保持良好沟通。然而，项目经理与业主之间的沟通可能会遇到许多障碍。

① 项目经理需要理解总体目标和业主的意图，反复研读合同或项目任

务文件。未参与项目决策过程的项目经理，更需了解项目构思的起因、出发点及目标设计和决策背景，否则，可能会对目标和任务有不完整或错误的理解，从而对工作造成重大困难。若项目管理和实施状况与业主的预期有出入，业主可能会进行干预，纠正这种状态。因此，项目经理必须深入研究业主和项目目标。

② 鼓励业主参与项目的整个过程，而不仅仅是最终结果 (完工的工程)。尽管项目有既定目标，但项目实施过程中必须执行业主的指令，确保其满意。业主通常是非专业人士，对项目可能理解有限。常有项目管理者抱怨"业主不懂行，还频繁干预"。这是现实，也是项目管理者的难题。但这并非完全是业主的错，项目管理者也有责任。

③ 在项目管理任务委托之后，业主应对项目经理进行全面的前期策划和决策过程的阐述，同时提供详尽的资料。根据国际项目管理的经验，项目管理者若能早期介入项目，会大大促进项目的顺利实施，参与目标设计和决策过程是理想选择。在项目的整个过程中，维持项目经理的稳定性和连续性至关重要。

④ 项目经理在实施过程中可能会碰到业主公司的其他部门或合资伙伴希望指导项目，这种情况往往较为复杂。项目经理应该倾听这些意见，耐心地进行解释和说明。但关键是不应让他们直接指导或控制项目的执行和项目组织的成员，因为这可能会对整个工程造成严重的负面影响。

(二) 项目管理者与承包商的沟通

这里的承包商，是指工程承包商、设计单位及供应商等，尽管与项目经理 (监理) 不存在直接合同联系，但他们仍须服从项目管理者的指导与监督。作为工程建设的执行主体，承包商的任务是实施具体项目工作。在此过程中，项目经理与承包商之间的沟通需要特别注意以下几点：

① 明确向承包商阐述整体项目目标、各阶段目标及各自的具体目标、执行方案、工作任务和职责。通过清晰、详细的解释，增强项目的透明度，这不仅体现在技术和合同的说明中，更应穿插在整个项目实施的每一个环节。

② 在实际项目实施中，很多技术导向的项目经理倾向于寻求完美解决方案并进行优化。然而，实践显示，只有在承包商对项目充分理解的情况

下，才能充分激发他们的创新力和创造力。否则，即便方案再优化，也难以达到最佳效果。因此，国际项目管理专家建议，应注重实施者对项目的理解和接受。

③ 指导和培训项目参与者和基层管理人员，使他们适应项目工作。应解释项目管理的流程、沟通方式和方法，共同探讨工作改进途径。在发布指令后，提供明确的说明，以避免产生对立情绪。

④ 当业主把具体工程项目管理工作委托给项目管理者时，后者被赋予相当的权力。但项目管理者应该以服务提供者的身份行事，不应滥用对承包商的处罚权力，而应强调服务的角色，突出所有参与方利益的一致性和项目的整体目标。

⑤ 在招标、合同签订、工程施工的过程中，项目管理者应确保承包商能够获得必要的信息，以便做出正确的决策。

⑥ 为了减少对立和争议，获得更佳的激励效果，项目管理者应鼓励承包商报告项目实施的情况、结果、所遇困难、意见和建议。这有助于发现和解决计划和控制上的误解或对立情绪，减少项目中的争议。彼此对项目的深入了解越多，项目中的争议就越少。

(三) 项目经理部内部的沟通

项目经理领导的项目管理部门是项目组织的核心。项目经理通常不直接掌控资源，也不亲自完成工作，这些任务由项目管理部门的各职能人员承担。特别是在矩阵组织结构中，项目经理和职能人员，以及职能人员之间，都应建立良好的工作关系，并频繁进行沟通。

① 项目经理在内部沟通中起到核心角色，如何有效协调各职能部门的工作，激励团队成员，是项目经理面临的重大挑战。项目管理部门成员来源多样，具有不同的专业目标和兴趣，担负各种职能管理任务，有的全职参与项目，有的则兼顾其他项目或原职能部门的工作。

② 项目经理与技术专家间的沟通至关重要，双方存在多种沟通障碍。技术专家可能对基层施工了解不足，只关注技术方案的优化，对技术的可行性过于乐观。项目经理应积极引导，发挥技术人员的作用，同时关注方案的实施可行性和专业协调。

③建立完善的项目管理系统，明确划分工作职责，设计周全的管理流程，明确规定正式沟通方式、渠道和时间，确保按程序、规则办事。许多项目经理(特别是西方国家的)寄望于管理程序，认为只要有科学的管理程序和明确职责，就能有效解决沟通问题。但这种看法并不全面：一是过度依赖细致的管理程序可能导致组织僵化；二是项目本身具有独特性，实际情况复杂多变，难以定量评估；三是过分程序化可能导致效率低下，摩擦增大，管理成本上升。

④项目经理在项目及其组织的运作中，应特别关注利用心理学和行为科学来提升团队成员的积极性。尽管项目工作充满创新性和吸引力，但在某些企业中，尤其是那些采用矩阵式组织结构的企业，项目经理并不拥有强制性的权力和奖励权力，资源控制权多在部门经理手中。通常，项目经理无权对团队成员进行职位晋升或加薪，这可能影响其权威和吸引力。然而，项目经理也可以采取自己的激励措施，以增强他们的成就感。

⑤职能人员的双重忠诚问题。项目经理部作为一个临时性的管理小组，在矩阵式组织结构中尤为明显，其中的成员在保持原职能部门专业职位的同时，可能需要为多个项目提供管理服务。对此，有观点认为，项目组织成员与其所属职能部门的紧密联系可能会对项目经理部的工作产生不利影响，但这种看法并不准确。实际上，鼓励项目组织成员同时对项目和其职能部门保持忠诚是确保项目成功的关键因素。通过这种忠诚的双重维持，项目成员不仅能在项目管理中发挥专业技能，还能在职能部门的支持下更好地完成项目任务，这种双向忠诚有助于平衡和协调项目与职能部门之间的需求和资源，是项目管理中的一种有效策略。

(四) 项目经理与职能部门的沟通

项目经理在与企业职能部门经理的沟通中扮演着至关重要的角色，尤其在矩阵式组织结构中，这种沟通变得更加复杂。成功的项目离不开职能部门的资源和管理支持，双方存在密切的相互依赖性。

①项目经理与职能部门经理在企业组织中的权力和利益平衡，充满了内在矛盾。项目的每一决策和行为都需经过沟通协调。由于项目目标与职能管理的差异性，项目经理几乎无法独立完成任务，必须依赖职能部门经理的

合作和支持，这使得良好的沟通成为项目成功的关键。

②项目经理需与职能部门经理建立良好的工作关系，这对工作的顺利进行至关重要。两者之间的意见不一致和矛盾时有发生，职能部门经理可能不完全理解项目经理的紧迫需求。在双方关系不协调时，项目经理可能不得不向企业高层寻求帮助，但这往往会加剧矛盾。他们可以通过如下方式建立良好的工作关系。一是为建立良好的工作关系，项目经理在规划过程中应与职能部门经理交流意见，就所需资源或服务达成共识；职能部门经理在分配资源时也应与项目经理协商，避免在资源分配过程中的冲突。二是项目经理与职能部门经理之间应建立清晰、便捷的沟通渠道，确保信息传递的准确性，避免相互矛盾的指令，并保持日常的沟通交流。

③项目经理和职能部门经理之间必须建立清晰且高效的信息交流渠道。二者不能发布相互冲突的指令，并应保持日常的互动与交流。

④项目经理与职能部门经理间的主要矛盾源于权力和地位的争夺。职能部门经理在此关系中往往成为项目经理任务的执行者，其职责与作用由项目经理定义并评估，同时，他们还需对各自职能范围及上级负责。这种情况下，职能部门经理可能觉得项目经理侵犯了他们的权利，降低了他们的价值和自主地位，因此在实施活动时可能不愿承担责任。

⑤职能部门经理对项目目标的理解往往受限，他们通常按照既定的优先级执行工作。项目管理的引入，改变了原有的企业组织结构和管理规则，给职能部门经理带来了压力，可能引发对组织变革的抵制。

⑥在企业管理体系中，职能管理是一种常态，被视为稳定的归属。职能部门经理能够直接与公司高层沟通，因此更容易获得高层的支持。

⑦项目经理与职能部门经理之间的主要沟通工具是项目计划和项目手册。项目经理在制订整体项目计划后，应确保获得职能部门的资源支持承诺，这是计划制订过程的一部分。如计划有任何变动，首先应告知相关职能部门。

三、沟通计划的编制

(一) 沟通计划的概念

项目沟通计划涵盖项目整个周期内沟通的内容、方式及途径等多个层面的规划与布局。这一计划是项目初期制订的重要计划之一，与项目组织和项目综合计划有着密切的联系。

项目沟通计划的制订是沟通管理的首要步骤。其核心内容包括识别项目干系人的信息需求和沟通需求。关键在于分析项目的利益相关者，明确"3W1H"，即谁 (Who)，需要什么信息 (What)，何时需要 (When)，以及如何提供信息 (How)。

(二) 编制项目沟通计划的准备

项目管理的一个关键环节是制订有效的沟通计划。这一准备过程包括多个层面的信息收集，确保沟通的有效性和效率。以下是编制项目沟通计划时需考虑的几个重要方面：

1. 收集信息

① 项目沟通内容的信息搜集：这一阶段的目标是明确需要沟通的具体内容，包括项目的目标、计划、进度、变更及任何关键的决策。

② 选择合适的沟通手段的信息：不同的信息可能需要不同的沟通渠道。例如，紧急的变更通知可能适合通过电子邮件或即时消息传达，而复杂的项目计划可能需要在会议中详细讨论。每种沟通手段的优势和局限性都需要考虑到，以确保信息的有效传递。

③ 项目沟通的时间和频率方面的信息：定期的项目会议、报告的提交及非正式的交流都需要在计划中有所体现。

④ 信息来源与最终用户的信息：一方面，明确谁将提供必要信息，以及谁是这些信息的最终接收者，有助于优化沟通流程。另一方面，了解信息的来源和接收者可以保证信息的针对性和有效性。

⑤ 相关的约束条件和假设前提条件。任何项目都会受到特定约束条件的影响，如时间、预算、资源等，这些都需要在沟通计划中考虑。同时，项

目的沟通计划还应基于一些假设前提，这些假设前提可能会随着项目的进展而调整。

2. 所获信息的加工处理

通过对收集到的信息进行细致的加工处理，可以更有效地支持项目的管理收尾和输出。这不仅有助于项目的顺利进行，还能确保干系人之间的沟通顺畅，提高整体项目的成功率。在编制沟通计划时，需要明确：

① 识别项目干系人：需要确定项目干系人的身份和角色。这包括了解哪些人直接或间接地影响或受项目影响，如项目团队成员、客户、供应商等。明确干系人有助于理解他们的需求和期望，从而更好地进行项目沟通。

② 确定干系人的信息需求：对于不同的干系人，他们所关心的信息类型是不同的。例如，高层管理者可能更关心项目的整体进度和预算情况，而团队成员可能更关注具体的任务分配和执行细节。确定这些需求有助于精准地传递信息，提高沟通的效率和有效性。

③ 阐述项目状态所需的信息：确定在说明项目状态时需要提供的关键信息。这可能包括项目进度、关键里程碑的完成情况、存在的风险和挑战等。准确的项目状态信息有助于干系人做出及时的决策。

④ 项目控制的标准制定：制定控制项目的标准，如进度跟踪、质量管理、风险控制等。这些标准是确保项目按计划进行的重要工具。

⑤ 信息来源的确定与获取途径：明确从何处以及如何获取所需的项目信息，主要包括内部会议、项目文档、外部咨询等多种渠道。有效的信息来源和获取途径是保证信息准确性和及时性的关键。

⑥ 建立报告和沟通渠道的形式：确定报告的格式和内容，以及书面沟通的方式。这可能包括项目进度报告、问题解决方案的文档等。选择合适的沟通渠道，如会议、电子邮件、项目管理软件等，以确保信息的有效传播。

(三) 沟通需求

在项目管理的领域中，沟通需求占据了极其重要的位置，它是确保管理收尾和优化输出的关键环节。沟通需求实质上是对项目干系人信息需求的全面概括。这些需求的满足，不仅取决于信息的格式和类型是否经过价值分析，还依赖于信息沟通能否有效促进项目成功。沟通的缺失往往是项目失败的主要原因之一。为了制定有效的沟通策略，通常需要考虑以下几个方面：

①项目组织与干系人之间的责任关系：明确项目组织和干系人之间的责任和义务关系至关重要。这包括了解各方在项目中的角色和责任，确保每个人都清楚自己的职责。这有助于建立明确的沟通路径，确保信息的正确传递。

②涉及项目的规定、部门与专长：理解与项目相关的各种规定、了解涉及的部门及其专长。这有助于确定信息流的方向和内容。了解这些细节能够确保沟通在正确的框架内进行，避免不必要的误解和延误。

③参与项目的人数和地点：清楚地了解参与项目的人员数量及他们所在的地点。这对于制定有效的沟通策略至关重要。人数和地点的不同会影响沟通方式和工具的选择，例如远程沟通工具的使用与否。

④外部信息需求（如与媒体的沟通）：项目可能涉及与外部媒体等第三方的沟通。了解这些外部信息需求对于构建良好的项目公关至关重要。妥善处理这些需求有助于塑造项目的公众形象，增强外部利益相关者的信任。

为了满足这些多样化的信息需求，开发出一套针对不同干系人的信息需求和信息来源的方法及逻辑观点显得尤为重要，主要包括如下内容：一是对不同干系人的信息需求进行细致的分析，以确保沟通策略的准确性和有效性；二是选择合适的项目方法和技术来提供所需信息，这不仅包括信息的内容和格式，还包括传递信息的工具和平台；三是避免资源在不必要的信息和不适当的技术上的浪费，这需要对沟通内容和手段进行持续的评估和优化。

(四)沟通技术

在项目管理过程中，沟通技术的应用至关重要，尤其是在确保管理收尾和高效输出方面。沟通技术的选择和应用范围广泛，从简短的对话到大型会议，从书面文档到实时更新的在线进度计划和数据库，各种形式的沟通技术都在项目要素间扮演着信息传递的角色。在选择合适的沟通技术时，需要考虑以下几个因素：

1.信息需求的即时性

考虑到项目信息更新的频繁性，需评估最佳的信息传递方式。例如，是否可以通过简单的通知满足实时更新的需求，或者是否需要定期发布的书面报告来确保信息的完整性和准确性。

2. 技术的可用性

评估现有技术体系是否适用于项目需求。在某些情况下，可能需要对现有系统进行调整或授权变更，以更好地适应项目的特定需求。

3. 预期项目人员配置

考虑项目参与人员的经验和专长，选择与之相匹配的沟通技术。一个有效的沟通技术应能被所有项目成员轻松掌握和使用。

4. 技术的变更可能性

在项目周期内，现有的技术可能会因为新技术的出现而需要更新或改变。因此，在选择沟通技术时，应考虑其灵活性和适应新技术的能力，以确保在项目结束之前，技术仍然是最优的选择。

(五) 沟通管理计划编制的结果

沟通管理计划是项目管理中的核心文件之一，它详细阐述了信息收集、存储、发布及更新的全过程。这份计划不仅指导项目团队有效地管理信息流，还确保信息的及时更新和准确传递，对于管理收尾和确保项目输出的质量至关重要。以下是沟通管理计划主要包含的几个方面：

① 收集和归档结构：用于详细描述不同类型信息的收集和存储方法。这包括了如何收集、整理、存储项目信息，以及如何发布对先前信息的更新和修订。该结构能确保信息的有序管理和易于检索。

② 发布结构：用于详细阐述信息流向（如状态报告、进度计划、技术文档等）及其发布方法（如书面报告、会议等）。这一结构必须与项目组织结构中的职责和报告关系相协调，以确保信息准确无误地传达给适当的人员。

③ 发布信息的描述：包括信息的格式、内容、详细程度，以及应遵循的准则或定义。这一部分的目的是确保发布的信息既准确又易于理解。

④ 生产进度计划：这一计划帮助团队成员理解何时会收到或需要提供特定的信息，从而保持项目进度的透明性和连续性。

⑤ 沟通信息的获取方法：描述了团队成员如何相互之间获取和分享信息。这不仅涉及正式的报告和会议，也包括非正式的沟通渠道。

⑥ 计划的更新与细化方法：随着项目的推进和发展，沟通管理计划也

需不断更新和调整。这部分描述了如何根据项目进展和环境变化，调整和细化沟通策略。

四、项目信息传递

(一) 项目信息传递的概念

1. 项目信息传递的定义

项目信息传递指的是在恰当的时刻，通过适宜的渠道，向目标受众准确地提供项目相关信息。确保信息能够及时、有效地送达需求方，是实现项目沟通目标的核心。这不仅包括沟通管理计划的执行，还包括对突发信息需求的快速响应。为达到此目的，可以采用多样的方式，如编制状态报告、召开项目会议、进行复审等。

2. 项目信息传递的工具和方法

在项目信息传递过程中，应参照项目计划和沟通管理计划，结合项目成果，运用适当的沟通技巧和信息传递系统。在此过程中，信息检索系统和传递方法同样重要，它们共同作用于项目记录、报告和演示资料的生成。在进行信息传递前，还需明确规定信息分发的责任人、时间、方式、方法、渠道、使用权限和技术手段，以及反馈收集的流程。这些措施不仅确保了信息传递的效率，也提高了其准确性和可靠性，从而对项目的管理收尾和输出起到了决定性的作用。

(二) 沟通技能

沟通技巧主要用于信息的交流与共享。信息发送者需确保所传达的信息明确、无二义性且完整，以便接收者能准确地理解和回应。相应地，信息接收者也应承担起确保自己完整、准确理解所接收信息的责任。沟通的方式多样，包括：

① 书面与口头方式，包括听和说的技巧。

② 内部沟通 (项目团队内部) 与外部沟通 (面向客户和公众等)。

③ 正式交流 (如报告、指令等) 与非正式交流 (如备忘录、专题讨论等)。

④ 纵向沟通 (组织内部的上下级关系中) 与横向沟通 (同一级别的不同

部门间)。

(三) 信息检索系统

信息检索系统是项目团队成员间存储与共享信息的重要工具。这包括项目管理软件、手工文件系统和电子数据库，以及供团队查阅的各类技术文档系统，如工程图纸、设计规范、施工操作规范和规程、检验与试验计划等。该系统为项目团队成员提供了一个获取和共享项目相关信息的有效渠道，能够以多种形式实现信息的互通。在项目的管理收尾和输出过程中，信息检索系统发挥着不可或缺的作用。

(四) 信息传递系统

项目信息的传递方式多种多样，目的是确保项目组成员或项目干系人能够及时、准确地获得所需信息。传递方式主要有以下几种：

① 项目会议：这是一种直接且高效的信息交流方式。通过面对面的交流，可以及时解决问题和共享信息。项目会议能够促进成员间的互动，增强团队凝聚力。

② 书面文档：项目管理中，书面文档的重要性不言而喻。通过编写和分发文件副本，可以确保项目相关信息的准确性和一致性。书面文档常用于记录正式的决策和指令，便于追溯和存档。

③ 共享网络电子数据库：随着信息技术的发展，电子数据库成为项目信息共享的重要工具。它不仅提高了信息检索的效率，还方便了远程团队成员的访问和利用。

④ 传真和电子邮件：这两种工具在快速传递文档和信息方面具有独特的优势。电子邮件尤其适用于紧急情况下的即时通信，而传真则在需要传递签名文件时显得尤为重要。

⑤ 语音邮件：对于忙碌的项目成员来说，语音邮件是一个方便的信息传递工具。它允许人们在任何时间接收和发送语音信息，非常适合快速通知和紧急联络。

⑥ 电视会议：对于分布在不同地点的项目团队，电视会议提供了一种面对面交流的替代方式。它不仅节省了时间和旅行成本，还增强了团队成员

之间的互动。

通过这些多样化的信息传递系统，项目组成员可以更好地管理信息流，从而确保项目的顺利进行。在项目的管理收尾和输出阶段，这些系统的作用尤为明显，它们确保了项目目标的顺利实现和成果的有效传递。总之，信息传递系统在整个项目管理过程中发挥着不可或缺的作用。

（五）项目信息传递的输出

项目管理中，有效地传递信息是确保项目顺利进行的关键。信息传递的输出主要包括以下几个方面：

1. 项目记录

项目记录是项目管理不可或缺的一部分。它们可能包括各种信函、备忘录、报告，以及描述项目细节的文档。这些记录需被妥善归档，以便在必要时查阅和使用，项目经理或项目办公室通常负责这些信息的维护。此外，项目队伍成员在项目笔记本中的个人记录，也是项目历史的重要组成部分。项目完成后，这些记录转化为宝贵的历史资料，对未来的项目管理和决策具有重要的参考价值。

2. 项目报告

项目报告是关于项目进展和状态的重要文档。这些报告通常包括项目的进度情况、遇到的问题及其解决方案。此外，项目会议的记录也是项目报告的一部分，它帮助团队成员和干系人了解会议讨论的内容和结果。

3. 项目演示

项目演示是向干系人及其他相关方展示项目信息的重要手段。这种演示可以根据目标观众的需求和信息的性质，选择正式或非正式的形式。有效的项目演示不仅能传递关键信息，还能增强干系人对项目的理解和支持。

五、项目绩效报告

（一）项目绩效报告的定义

项目绩效报告在项目管理中扮演着至关重要的角色，它是一个系统性的过程，旨在收集、整理并发布项目的绩效信息。这一过程通过向项目干系人提供关于资源使用和项目目标达成情况的详细信息，确保项目的顺利进行。

项目绩效信息包括：一是状态报告，描述项目目前的状况；二是进展报告，描述项目组已经完成的工作；三是预测，对未来项目的状况和进展做出预测。

绩效报告的制作是一个综合性的分析过程。它涉及对项目工作结果与项目计划的比较，采用如挣值分析、绩效评审等方法，以及对项目偏差和未来趋势的深入分析。这一过程借助各种信息传递工具和技术，从而生成全面、客观的绩效报告。该报告的主要目的是向干系人呈现项目的进展情况，帮助他们理解项目的当前表现和未来的可能走向。

通过有效的绩效报告，项目管理团队能够及时识别和解决项目中的问题，确保资源的合理分配和使用，同时也为项目干系人提供了决策所需的重要信息。这样的报告不仅增强了项目管理的透明度和可信度，还促进了团队成员之间的沟通和协作，从而提高了项目成功的可能性。在项目管理的实践中，绩效报告是不可或缺的一环，它为项目的顺利进行提供了强有力的支持和保障。

（二）项目绩效报告的工具和技术

项目绩效报告是项目管理中不可或缺的一环，它通过一系列工具和技术，对项目的进度、质量和成本等关键因素进行细致的监控与分析。以下是在项目绩效报告过程中常用的几种工具和技术。

1.绩效评审

绩效评审是一种通过会议形式，系统地评估项目当前状况和进展的方法。在这些会议中，项目团队会综合运用各种执行情况报告技术，对项目的不同方面进行深入讨论。这样的评审不仅有助于发现问题，也是制定改进措施的重要基础。

2.偏差分析

偏差分析是指比较项目的实际结果（如实际进度、质量状态和实际成本）与计划或预期的结果。通过这种比较，管理团队可以清晰地识别项目在成本和进度上的偏差，从而及时调整策略。除了成本和进度，范围、质量和风险等方面的偏差分析也同样重要，甚至在某些情况下更为关键。

3. 趋势分析

趋势分析是通过持续观察项目结果的变化趋势，项目管理者可以判断项目绩效是在改善还是恶化。这种分析有助于预测未来的表现和潜在的问题，为项目管理提供前瞻性的指导。

4. 挣值分析

挣值分析是一个复合型分析工具。它通过 S 形曲线的比较，综合分析项目的成本和进度偏差情况。挣值分析能够提供项目整体绩效的量化评估，尤其适用于复杂的、涉及大量劳动力和工程项目资源的项目。

(三) 项目绩效报告的输出

项目绩效报告是项目管理过程中不可或缺的一部分，其核心在于将收集到的数据进行有效整理、深入分析，并最终呈现出有价值的信息。该报告根据沟通管理计划的要求，向项目相关方提供分级详尽的信息，以确保项目目标的顺利实现。

在绩效报告的编制过程中，各种数据和信息被系统性地组织和梳理。通过这种方式，项目管理团队能够对项目的当前状态和未来趋势进行全面评估。这种评估不仅包括项目进度的监控，还涵盖诸如劳动力、工程项目资源等关键领域的分析。准确地掌握这些要素，对于确保项目顺利进行至关重要。

绩效报告的格式多样，旨在满足不同干系人的信息需求。其中，甘特图提供了一个直观的时间轴视图，展示了项目各个阶段的进度和时间分配。S 形曲线则通过累积数据，展现项目整体的进展趋势，帮助管理者把握项目整体的成本和时间控制情况。直方图和表格则更加注重细节，能够提供更具体的数据分析，如资源分配、任务完成情况等。

通过这些不同的报告格式，项目管理团队能够从多个角度审视项目的绩效。这样的全方位分析，不仅有助于及时发现和解决问题，也为未来的项目规划提供了宝贵的参考意见。

六、管理收尾

(一) 管理收尾的定义

管理收尾是指在每个项目阶段或整个项目结束时，为了确保项目或阶段的正式和规范化完成，而进行的信息生成、收集和传递的过程。这一过程对于确保项目目标的顺利实现至关重要。

在项目管理中，管理收尾并非只在项目整体完成时才进行，而是应当在每个项目阶段结束后即刻开始。这样的安排旨在确保项目的每个阶段都能得到妥善的处理和评估，从而为项目的下一阶段或最终完成打下坚实基础。

管理收尾过程的核心任务之一是对项目产出进行仔细的检验，并执行相关的文档备份工作。无论是哪个项目阶段，这一过程都是必不可少的。这不仅包括对项目结果的检验，还包括对所有相关文档和记录的整理与归档。这些文档和记录不仅要全面，还要保持最新和准确，以确保能够准确地反映项目的实际成果和状态。

在进行管理收尾时，项目团队需要收集所有项目记录，并对其进行细致的检验。这些记录包括但不限于项目的进度报告、成本记录、质量评估报告以及与劳动力和工程项目资源相关的各类文档。所有这些记录都必须准确无误地识别出项目所产出的产品或服务的最终技术指标。这是确保项目结果符合预期标准的关键步骤。

此外，在管理收尾过程中还需要进行项目干系人的正式验收。这一步骤确保了项目的所有产出都得到了干系人的认可，也意味着项目的每个阶段都得到了适当的闭环处理。这种做法不仅有助于提高项目的透明度，也增强了干系人之间的信任和满意度。

在合同收尾和管理收尾过程中，对项目产出的检验和文档备份是共有的环节。但在合同收尾中，项目结果通常只需进行一次检验。而在管理收尾过程中，则需要对所有项目产出进行详细记录，并确保这些记录得到干系人的正式验收。

(二) 管理收尾的输入

在项目管理中，管理收尾过程是一个至关重要的阶段，它涵盖多种输入资源，确保项目能够规范且有效地结束。以下是对管理收尾过程输入的详细描述，共分为三大类：

1. 绩效测量文档

绩效测量文档包括各种绩效报告，如项目计划执行情况、成本预算与实际花费的对比分析等。这些文档的重要性在于，它们不仅被项目内部相关人员用来审查和评估项目的当前状态，还会被外部干系人、行政管理人员甚至是客户用来做参考。他们通常会先行审阅这些绩效测量文档，以此作为项目验收的基础。

2. 产品文档

产品文档包括项目产品或服务的所有细节。从项目需求的具体说明到技术指标的详细描述，再到项目技术计划的书面记录，这些文档是项目管理中不可或缺的一部分。除了书面的文字记录，产品文档还可能包括各种电子文档和图纸等，这些都是对项目产品或服务具体内容的全面阐释。

3. 其他项目记录

其他项目记录，是指除了上述两类文档外，包含了各种其他项目记录的文档。这包括但不限于项目报告、备忘录、项目过程中的往来信件，以及其他能够说明项目工作情况的记录。这些文档虽然可能不像前两类那样直接关联项目的核心内容，但它们在记录项目全过程、提供辅助信息及确保项目信息的透明性方面发挥着重要作用。

(三) 管理收尾过程的工具和技术

管理收尾过程是项目管理中至关重要的一个环节，其所涉及的工具和技术种类繁多，且具有高度的专业性。这些工具和技术不仅覆盖在绩效报告过程中使用的所有类型，还包括其他用于有效展示项目成果的方法。具体来看，管理收尾过程主要采用以下几种工具和技术：

1. 绩效报告工具

绩效报告工具主要用于制作和分析项目的绩效报告。通过这些工具，项目管理团队能够清楚地了解项目的进展情况、成本使用状况，以及达成的成果等。这些报告工具的使用，有助于管理团队更加精确地评估项目的整体表现，并为项目的后续步骤提供数据支持。

2. 项目展示技术

项目演示会是管理收尾过程中常用的一种展示技术。在这些会议中，项目团队会向相关的干系人展示项目的最终成果，包括已完成的工作、实现的目标及未来的发展方向。这种形式的演示，不仅能够有效地传达项目的成果，还能增强团队成员之间的沟通和理解。

3. 项目报告

项目报告是管理收尾过程中的另一关键工具。它详细记录了项目从启动到结束的整个过程，包括项目的目标、实施策略、遇到的挑战、取得的成就等。这些报告为项目的评估和审计提供了详实的资料，同时也为未来类似项目提供了宝贵的参考和经验。

4. 技术评估工具

在管理收尾过程中，对项目所采用的技术进行评估也是不可或缺的一环。这包括在评估项目中使用的软件、硬件，以及其他技术工具的有效性和适用性。通过这种评估，可以确保项目的技术支持是最优的，也能为今后的项目选择和使用相应技术提供指导。

（四）管理收尾过程的输出

管理收尾过程的输出包括：

1. 项目档案

项目档案是记录项目全过程的综合文档，它涵盖项目实施过程中产生的各类文件和资料。在项目档案中，不仅包含管理收尾过程的所有输入资料，还包括合同文档和财务记录，特别是在项目涉及合同执行时。项目档案的建立，对于追踪项目进展、评估项目绩效、解决可能的纠纷和为未来项目提供参考都具有极大的价值。

2. 项目收尾和正式验收

正式验收是一个关键步骤，它包括全面检验项目是否达到所有既定要求，并确保获得项目干系人的验收签字。验收流程通常涉及承包商的竣工验收申请和业主方的竣工验收通知。项目主管负责向所有相关方发布正式通知，表明项目的成功完成。竣工验收不仅标志着项目的正式结束，也意味着缺陷责任期或保修期的开始。

3.经验教训

经验教训的记录是对项目中的成功和失败进行总结的重要部分。这包括分析为何采取特定的纠偏措施、这些措施的效果如何、执行偏差的原因、出现的未预测风险以及可能避免的错误。从失败的项目中汲取的经验教训同样宝贵，它们应被详细记录，并整合到知识库中，为未来的项目管理提供参考和指导。

第三节　工程项目信息管理

在工程项目的实施过程中产生大量的信息，这些信息按照一定的规律产生、转换、变化和被使用，并被传送到所需的单位，从而形成项目实施过程中的信息流。项目管理的决策和实施过程，不仅是物质的生产过程，还是信息的生产、处理、传递及应用过程。

一、信息管理概念

信息管理，一个在现代社会越发重要的概念，其根基可追溯至20世纪中期，那时现代信息技术的迅猛发展已开始深刻地影响人类社会。随着技术的进步，信息工作者与相关研究领域的专家们纷纷投入到对信息本质的探索中。在这个探索过程中，不同学科的学者对信息的定义也各异。信息论的奠基人申农，曾经界定信息为"消除不确定性的工具"。而控制论的创始人维纳则更加注重信息的交互性，他认为信息是人们在适应环境并影响环境的过程中，与外部世界进行交换的内容。从经济管理的视角来看，信息则被视为在决策过程中不可或缺的有效数据。物理学家将信息等同于熵的概念，而电子学和计算机科学的专家们则更倾向于将信息视为电子线路中的信号。将这些观点综合起来，我们可以发现一个更为广泛的信息概念：信息是反映客观世界中事物运动状态和变化的一个反映。它不仅是客观事物之间相互联系和相互作用的标志，更深层地揭示了客观事物运动状态和变化的实质内容。

信息管理的出现，正是基于人类对于有效开发和利用信息资源的迫切需求。它依托现代信息技术，涉及信息资源的计划、组织、领导和控制等多个方面。具体而言，信息管理涵盖对信息资源和信息活动的全方位管理，包括但不限于规划策略、组织架构的搭建、领导力的发挥及各环节的有效控制。这一领域的发展，旨在更好地服务于社会，优化信息的流通和利用，提高决策的质量和效率。

二、工程项目信息特点与要求

(一) 工程项目信息特点

1. 数量庞大

随着项目进展的不断深入，相关信息的积累也在迅速增长。以大型建设项目为例，其在整个实施过程中产生的文档资料的重量可能达到几吨乃至更多。这一现象凸显了在大型项目中，依靠传统的手工方式来管理这些庞大的信息资源是不切实际的。因此，推动工程项目信息管理向计算机化转变成了一个必然的趋势。

2. 类型复杂

从计算机辅助信息管理的视角来看，这些信息大致可以分为两大类。第一类是结构化信息，通常包括诸如投资数据、进度数据等，这些信息多保存于数据库系统中，其管理和利用相对便捷。第二类则是非结构化或半结构化信息，例如工程文档、工程照片以及声音、图像等多媒体资料。这些信息大多以文件的形式存储，其管理通常被称为内容管理。值得注意的是，这类信息在工程项目信息中占据的比重超过了80%，这也意味着内容管理在整个工程项目信息管理体系中扮演着极其重要的角色。

3. 来源广泛、存储分散

工程项目信息的管理是一项极具挑战的工作，其复杂性主要体现在信息来源的广泛性和存储的分散性上。这些信息不仅涵盖建设单位、设计单位、施工承包单位、监理单位、材料供应单位及其他各类组织与部门，还包括可行性研究、设计、招投标、施工及维修等项目阶段的各个环节。此外，这些信息涉及建筑结构、给排水、暖通、强弱电等多个专业领域，以及质量控制、投资控制、进度控制、合同管理等项目管理的各个方面。

由于这些信息的来源极为广泛，它们的存储也相应地呈现出分散化的特点。这种广泛性和分散性给信息的收集、整理和管理带来了不小的挑战。如何能够完整、准确、及时地收集这些信息，并对其进行有效的整理和管理，成为工程项目信息管理的关键问题。这不仅是技术层面的挑战，也是管理层面的考验。信息的准确收集和合理整理直接关系到项目管理人员在决策和判断时的正确性和时效性。

4. 系统性强

信息的收集、处理、传递及反馈构成了一个连续的闭合环路，显示出鲜明的整体性。项目信息应用的环境十分复杂，不同的项目参与方对信息的应用要求各异。随着项目进展，项目信息也处于不断的动态变化之中。这种系统性不仅体现在信息本身的性质上，还体现在信息处理和管理的过程中。

(二) 工程项目信息要求

① 工程项目信息必须专业对口，即信息内容应与项目的具体专业领域紧密相关。这意味着，信息应当精准匹配项目的具体需求，既不偏离专业范畴，也不超出必要的专业深度。例如，在建筑工程项目中，相关的结构设计、材料选择、施工技术等信息，都应与建筑工程的专业要求相符合。

② 工程项目信息必须真实反映实际情况。这一点对于项目的决策制定和执行至关重要。任何失真的信息都可能导致错误的决策，从而影响项目的整体效果和安全性。因此，信息的真实性成为项目管理中的一个不可或缺的要素。这就要求项目管理者在收集和传递信息时，必须确保信息来源的可靠性和信息内容的准确性。

③ 工程项目信息应当及时提供。在工程项目管理中，时间是一个关键因素。信息的及时性直接关联到项目的进度控制和问题解决的效率。延迟提供关键信息可能会导致工程进度的滞后，甚至引发更大的问题和成本。因此，迅速地获取、处理并传递信息，成为项目管理的一个重要环节。

④ 工程项目信息需要便于理解。信息不仅要准确、及时，还必须易于被项目团队成员理解和使用。复杂的专业信息如果不能被非专业人士理解，

其价值便大打折扣。因此，将专业信息转化为易于理解的形式，使其能够被项目团队的所有成员所理解和应用，是提高工程项目管理效率和效果的关键。

三、工程项目信息管理过程

(一)工程项目信息管理概念

工程项目信息管理是一项包括信息收集、加工、整理、存储、传递及应用等多个环节的综合工作。其核心目标是通过高效有序的信息流动，使得项目管理者能够及时且准确地获取所需信息，以便做出恰当的决策。为实现这一目标，必须精确掌握并应用信息管理的各个环节，这包括了解和掌握信息来源，对信息进行有效分类，运用合适的信息管理手段，掌握信息流通的各个环节，并在此基础上建立一套全面的信息管理系统。

(二)工程项目信息管理任务

作为项目信息的核心处理者，项目管理者肩负着多重关键职责。这些职责不仅涵盖项目基本信息的组织和系统化，还包括对项目报告及各类资料的格式、内容、数据结构等方面的规范设定。此外，项目管理者还需要依据项目实施的具体情况和项目组织管理工程的进程，构建和维护项目管理信息系统的流程，以确保其在日常运作中的高效性和稳定性。同时，文档管理也是项目信息管理的一个重要方面，涉及文档的整理、保管、更新和有效检索等工作。

(三)工程项目信息管理基本环节

工程项目信息管理是项目建设全过程中不可或缺的一环，它贯穿于项目的每个阶段，涉及所有参与单位和各个方面。该管理过程的核心包括信息的搜集、加工、整理和存储等环节。

1.工程项目信息的收集

工程项目信息的搜集是一个全程贯穿的工作。

①在项目决策阶段，信息搜集的内容包括市场信息、资源信息、自然

环境、新技术、新设备、新工艺及新材料信息等。这些信息对于业主来说至关重要，有助于避免决策上的失误，促进项目的深入调查和投资机会的研究，编制可行性报告，并进行投资估算和经济评价。

②进入设计阶段，信息的搜集涉及范围更广，包括同类项目信息、拟建项目地点信息、勘察设计单位信息，及设计进展情况等。这一阶段的信息搜集工作难度较大，不确定因素众多，因此要求信息搜集者具备较高的技术水平和丰富的经验。

③在项目的招投标阶段，信息搜集内容包括拟建项目信息、建设市场信息和施工投标单位信息等。这一阶段的信息收集人员需要对施工图设计文件、施工图预算、相关法律法规、招投标管理程序和合同示范文本有深入了解，以便为业主的决策提供有效依据。

④至于工程项目的施工阶段，所需搜集的信息包括施工准备、施工实施及竣工保修等相关信息。由于此阶段信息来源复杂且繁杂，因此需要建立规范的信息管理系统，制定合理的信息流程，并确立必要的信息秩序。这包括业主、监理单位、施工单位的信息管理行为规范，以及按照工程项目文件归档整理规范的要求，完成资料的收集、汇总和分类整理工作。

2. 工程项目信息的加工、整理

在工程项目的信息管理中，加工与整理环节的重要性不言而喻。这一环节涉及对各方获取的信息进行筛选、核对、合并、排序、更新、计算和汇总等多个步骤。其目的在于形成适应各种需求的不同信息形式，以供各类管理人员使用。特别需要注意的是，对于那些动态变化的信息，必须做到及时更新，以保证信息的时效性和准确性。在施工过程中产生的信息需要特别的组织和处理。这些信息应该按照单位工程、分部工程、分项工程的组织结构来分类整理。进一步地，这些信息又被细分为质量、进度、造价三个主要方面，以便于更有效地管理和使用。

3. 工程项目信息的分发和检索

信息和数据的分发应根据实际需要来进行，确保相关人员能够及时、准确地获得他们所需的信息。而信息和数据的检索则需要建立必要的分组管理制度和确定信息使用权限，以保障信息安全和有序流通。信息和数据的分发与检索通常由实用软件来实现。软件能够按照特定的规则和方法，将所有信息记录排列成有序的整体，从而为用户检索和获取所需信息提供便利。这种有序的信息组织方式不仅提高了信息的可访问性，也极大提高了信息管理的效率和效果。

4. 工程项目信息的存储

工程项目信息存储的首要任务是建立一个统一的信息库，这是确保信息安全、有效管理的基石。在这个信息库中，各类项目相关信息被系统地以文件形式组织起来，便于查询、使用和维护。

创建这样的信息库时，方法的选择变得尤为关键。尽管各个单位可以根据自身情况和需求自行决定具体的方法和技术路径，但必须强调的是，无论采取何种方式，都应遵循一定的规范化原则。规范化的存储方法不仅提升了信息管理的效率，还大大减少了错误和信息遗漏的风险。

在设计和实施信息存储方案时，需要考虑的因素包括但不限于数据的安全性、稳定性、可访问性和可扩展性。数据安全性保证信息不会被未经授权的访问和破坏；稳定性确保信息库在不同的环境和条件下都能稳定运行；可访问性则是指信息库能够方便、快捷地为用户提供所需信息；可扩展性则关乎信息库未来的发展潜力，能够随着项目规模的扩大而进行相应的扩展。

此外，对于工程项目信息存储的另一项重要考量是如何高效地进行数据备份和恢复。这不仅关系到信息的长期安全，也是确保在发生系统故障或数据丢失时能够迅速恢复正常运作的关键。因此，制定合理的数据备份策略和灾难恢复计划是构建高效信息存储系统的重要组成部分。

四、工程项目管理信息系统

在当今数字化时代，信息技术在工程项目全生命周期管理中扮演着越来越重要的角色，其在工程建设项目信息化管理的推进中显示出了显著的效能和广泛的应用前景。

(一) 管理信息系统概念

在工程项目管理领域内，管理信息系统的概念尤为关键。项目管理信息系统，一个汇集信息、信息流和信息处理各环节的综合体系，旨在联结和协调各种管理职能及组织结构。这个系统的建立及其高效运行，不仅是项目管理者的一项核心职责，更是工程项目管理实践中的关键组成部分。通过管理信息系统，工程信息处理的效率得到提升，工程管理流程更加规范，从而在提高项目管理工作效率和强化目标控制有效性方面发挥着重要作用。

(二) 管理信息系统开发全过程管理

管理信息系统的开发是一项复杂而关键的任务，其根基在于数据库技术和计算机网络通信技术。在这一过程中，系统的开发周期往往较长，投入资金也相对庞大。此外，它还包括管理理念和方法的根本改变。因此，精确控制和管理信息系统开发的每个环节显得尤为重要，否则容易导致项目的失败。从项目的启动到最终实施，每个阶段都需要严格的监督与细致的管理，以确保整个项目的顺利进行。简言之，对管理信息系统开发全过程的周密组织和管理，是确保项目成功的关键。

(三) 管理信息系统的优势

1. 提高透明度

① 即时更新和访问：管理信息系统提供了一个平台，可实时更新和共享项目的最新状态，如进度、成本和资源使用情况。这种实时更新确保所有相关方都能及时了解项目的当前状况，有助于维护和提升项目的透明度。

② 易于监控：通过集成的仪表板和报告功能，项目经理和团队成员能够轻松监控项目的关键指标，从而做出更加明智的决策。

③ 促进责任分配：在管理信息系统中，每个任务和活动都可以分配给特定的团队成员，明确责任和期望，这有助于创建一个透明且高效的工作环境。

2. 决策支持

① 数据驱动的决策：管理信息系统提供的详细数据分析和报告功能使项目经理能够基于准确的数据做出决策。这种数据驱动的决策方法有助于减少猜测和偏见，提高决策的质量。

② 风险评估：管理信息系统中的风险管理工具能够帮助识别潜在风险，对其进行量化分析，并提出缓解策略。这有助于项目经理预测未来的问题并制订有效的应对计划。

③情景模拟：一些高级的管理信息系统工具允许进行情景分析，通过模拟不同的项目管理策略和条件，预测可能的结果，从而支持更加全面和周到的决策。

3. 效率提升

①自动化流程：管理信息系统通过自动化复杂的项目管理任务（如时间表更新、资源分配和进度跟踪）来减少手动工作的需求，从而显著提高工作效率。

②错误减少：自动化减少了因人为错误导致的问题，尤其是在数据录入和报告方面。这一点对于保持项目的准确性和可靠性至关重要。

③时间管理：通过有效的管理时间表和截止日期，管理信息系统确保项目按时交付，同时实现资源的使用效率最大化。

4. 改进沟通

①集中信息平台：管理信息系统作为一个集中的信息存储和共享平台，确保所有项目参与者都可以访问最新的文件、计划和通信。这消除了信息孤岛问题，提高了团队协作效率。

②即时通信与协作：许多管理信息系统工具集成了即时通信功能，使团队成员能够实时沟通和协作，无论他们身在何处。

③文件共享和版本控制：管理信息系统中的文件共享和版本控制功能确保团队成员总是在最新版本的文档上工作，减少了重复劳动和混淆情况的发生。

（四）管理信息系统在实际的工程项目中的应用

1. 启动阶段

①项目界定与目标设定：在项目启动阶段，管理信息系统的主要功能是帮助定义项目的范围和目标。通过使用管理信息系统，项目团队可以确保所有关键利益相关者的需求和期望都被考虑并纳入项目的目标中。

②初步时间表和预算编制：管理信息系统还用于制定项目的初步时间表和预算。这包括估算所需资源、确定关键里程碑以及预算分配。

2. 规划阶段

①详细规划：在规划阶段，管理信息系统被用于详细规划项目的各个

方面。这包括具体的任务分配、资源需求确定，以及时间表的细化。

②资源分配和时间管理：管理信息系统有助于有效地分配资源和管理时间。通过优化资源使用和确保时间表的合理性，可以提高项目的整体效率。

③风险评估：管理信息系统也用于风险评估，通过识别可能的项目风险并制定相应的缓解措施，减少这些风险对项目的影响。

3. 执行阶段

①进度跟踪和管理：在执行阶段，管理信息系统的主要作用是跟踪项目的进展，确保所有活动都按照计划进行。通过实时的进度更新，项目团队可以及时发现偏差并采取措施纠正。

②资源和成本管理：此阶段中，管理信息系统用于管理资源使用和控制项目成本，确保项目在预算内完成。

4. 监控和控制阶段

①实时进度更新：在监控和控制阶段，管理信息系统提供实时的进度更新和性能指标，使项目经理能够及时了解项目状态并做出必要的调整。

②策略调整：通过管理信息系统提供的数据，项目经理可以及时调整策略，应对出现的问题，确保项目目标的实现。

5. 收尾阶段

①数据收集和记录：项目完成后，管理信息系统用于收集和记录项目数据，包括完成的任务、使用的资源、遇到的挑战和实现的成果。

②经验教训和知识管理：这些数据对于未来的项目规划至关重要，为项目团队提供了宝贵的经验教训和知识，有助于对未来项目的更好规划和执行。

结束语

　　建筑工程审计决算与项目工程管理是在现代建筑行业中极为关键且富有挑战性的领域。这一领域的研究和实践不仅帮助我们更精确地理解建筑项目的财务和管理流程，而且还促进了项目效率的提升和资源的合理分配。通过本书的阅读，我们深入了解了建筑工程审计决算与项目工程管理的重要性、发展动态、面临的挑战和可能的解决策略。我们对这一领域的理论框架和操作方法有了更全面的认识。然而，我们也意识到，建筑工程审计决算与项目管理在实际操作中仍面临诸多问题，例如如何有效控制成本、如何处理项目中的不可预见因素等。为了解决这些问题，我们需要不断创新管理方法，加强行业内的沟通与协作。

　　展望未来，我们需要更深入地理解建筑项目的复杂性，以适应不断变化的建筑市场和技术革新。在教育和培训领域，我们应该更加注重建筑工程管理的专业知识和技能培训，为从业者提供更多的实践经验，如项目管理和决算审计等方面。同时，政府和行业机构也应该在建筑项目管理和审计方面提供更多的支持和资源，以促进行业的健康发展。本书仅为建筑工程审计决算与项目工程管理领域的一个基础性介绍，还有许多深层次的议题和挑战值得进一步研究。因此，作者将持续关注这一领域的最新动态，不断丰富和更新我们对建筑项目管理的理解，为建筑行业的进步贡献自己的力量。

参考文献

[1] 王进，朱东莉.工程管理专业课程思政"四维"育人策略——以工程项目管理课程为例 [J].创新与创业教育，2023，14(05)：146-155.

[2] 姬乐飞.工程管理标准对复杂大型工程项目的影响与应用研究 [J].大众标准化，2023，(19)：122-124.

[3] 李文岩，刘利娜，贾学志.基于项目管理模式的中小企业建筑工程管理优化 [J].中小企业管理与科技，2023，(17)：76-78.

[4] 范迪.建筑工程管理中 BIM 技术的应用研究 [J].城市建设理论研究(电子版)，2023，(22)：55-57.

[5] 尹浩全.建筑工程项目管理中的施工管理与优化策略研究 [J].中国招标，2023，(06)：200-202.

[6] 刘力.ESG 理论在工程项目决算审计中的应用研究 [J].会计师，2023，(10)：101-103.

[7] 王文文.工程项目管理现状分析及应对策略研究 [J].大众标准化，2023，(09)：70-72.

[8] 张经纬，雷庆关，陈东等.建筑工程项目质量管理分析与应用——以合肥某安置点为例 [J].工程与建设，2023，37(02)：791-793.

[9] 范建清.建筑工程管理中的全过程造价控制研究 [J].中国住宅设施，2023，(03)：52-54.

[10] 吴云龙.部门决算审计与预算执行审计的关系研究 [J].大陆桥视野，2023，(03)：127-129.

[11] 范生勇.工程竣工决算审计的难点分析 [J].中小企业管理与科技，2023，(05)：85-87.

[12] 李龙，杨晓庄，张丽丽.工程管理专业项目全过程实践教学环节构建 [J].四川建材，2023，49(02)：248-249.

[13] 卢杰.建筑工程项目施工过程中的财务管理风险研究[J].纳税,2023,17(04):91-93.

[14] 付建亭.工程竣工结决算审计的难点及解决对策[J].建筑与预算,2021,(06):38-40.

[15] 徐铭.工程竣工结决算审计的难点分析[J].工程建设与设计,2021,(03):249-251.

[16] 郑雪锋.工程竣工决算中有关合同审计的若干方面[J].中国储运,2018,(11):129-131.

[17] 康亚利.基本建设项目竣工财务决算审计[J].时代金融,2018,(24):136.

[18] 决算审计工作的流程及重点内容[J].中国招标,2017,(29):35-37.

[19] 陈勇光.工程决算审计风险因素阐释与回避风险的途径探索[J].价值工程,2017,36(06):19-20.

[20] 郑强.浅谈如何做好工程竣工财务决算审计工作[J].时代金融,2015,(21):192.